高等职业教育水利类“十三五”系列教材

水生态文明建设导论

主　编　谢　彪　徐桂珍
副主编　潘　乐　傅　静　王　兴

中国水利水电出版社
www.waterpub.com.cn
·北京·

内 容 提 要

本书共分8章，内容包括绪论、水安全、水生态、水资源、水景观、水文化、水经济、河长制等。书中着重阐述了水生态文明建设概要知识、相关定义、基本原理、技术方法，并在应用性较强的章节穿插了工程实践案例。

本书是高等职业院校水利类专业的通用教材，也可作为其他相关工程专业的教材，还可供从事水生态文明建设工作的工程师、技术员参考使用。

图书在版编目（CIP）数据

水生态文明建设导论 / 谢彪，徐桂珍主编. -- 北京：中国水利水电出版社，2019.8(2021.12重印)
高等职业教育水利类“十三五”系列教材
ISBN 978-7-5170-7852-4

Ⅰ. ①水… Ⅱ. ①谢… ②徐… Ⅲ. ①水环境－生态环境建设－中国－高等职业教育－教材 Ⅳ. ①X143

中国版本图书馆CIP数据核字(2019)第153475号

	高等职业教育水利类“十三五”系列教材
书　名	**水生态文明建设导论**
	SHUISHENGTAI WENMING JIANSHE DAOLUN
作　者	主编　谢彪　徐桂珍　副主编　潘乐　傅静　王兴
出版发行	中国水利水电出版社
	（北京市海淀区玉渊潭南路1号D座　100038）
	网址：www.waterpub.com.cn
	E-mail：sales@waterpub.com.cn
	电话：（010）68367658（营销中心）
经　售	北京科水图书销售中心（零售）
	电话：（010）88383994、63202643、68545874
	全国各地新华书店和相关出版物销售网点
排　版	中国水利水电出版社微机排版中心
印　刷	清淞永业（天津）印刷有限公司
规　格	184mm×260mm　16开本　9.25印张　225千字
版　次	2019年8月第1版　2021年12月第2次印刷
印　数	3001—5500册
定　价	**29.50元**

序

党的十八大将生态文明建设提升至与经济、政治、文化、社会“四大建设”并列的高度，纳入社会主义现代化建设“五位一体”总体布局，标志着中国现代化转型正式进入了新阶段。强力推进生态文明建设，对于建设美丽中国，实现中华民族永续发展具有重大意义。

水生态文明建设是生态文明建设的重要基础和保障。水利部对水生态文明建设进行了明确部署，强调把生态文明理念融入到水资源开发、利用、治理、配置、节约、保护的各方面和水利规划、建设、管理的各环节。长期以来，我国经济社会发展付出的水资源、水环境代价过大，水旱灾害频发、水资源调控能力不足、水环境污染、水生态损害等问题日益凸显。加快推进水生态文明建设，从源头上扭转水生态环境恶化趋势，关系治水、兴水、管水千秋伟业，是在更深层次、更广范围、更高水平上推动民生水利新发展的重要任务，是促进人水和谐、推动生态文明建设的重要实践，是认真践行“节水优先、空间均衡、系统治理、两手发力”治水思路的具体体现。

将水生态文明理念宣传贯彻好，深入到水利各领域、各环节，是我们水利工作者特别是水利类专业教师应有的责任，让水利类专业学生和水利从业人员深入了解和掌握水生态文明有关知识是宣传贯彻水生态文明理念的重要抓手。编制一本通俗易懂的《水生态文明建设导论》教材，将水生态文明理论与实践进行广泛的宣传和使用，是贯彻落实水生态文明理念的有效途径。

本书作者在长期从事水利工程建设与管理和水生态文明理念宣传与讲授的过程中，积累了较丰富的水生态文明理论和实践经验，在此基础上编制了这本教材。这本教材突出了理论性、基础性、实用性和操作性，系统阐述了水生态文明的概念、水生态文明建设总体思路以及目标和评价指标体系等，按照水安全保障、水环境修复、水生态系统修复、水资源管理、水文化建设、河长制的思路编写而成，并加以具体案例，内容较为充实、完善。本书旨在帮助大学生和有关人员更好、更准确地认识和学习水生态文明理念，提升学生的水生态文明意识，增强学生对水生态文明建设的认同感、责任感，以满足水生态文明建设理论的教育与培训基本需求。

苑智

2019年5月

由于编写时间仓促，限于作者的水平和能力，本书在内容选择、文字表述、图文体例等各方面难免有不妥之处，恳请读者批评指正。

编者
2019年3月

前言

生态文明建设，是中国特色社会主义事业的重要内容，关系人民福祉，关乎民族未来。党的十九大报告提出，建设生态文明是中华民族永续发展的千年大计，必须树立和践行绿水青山就是金山银山的理念，坚持节约资源和保护环境的基本国策，像对待生命一样对待生态环境。

水，是生命之源、生产之要、生态之基。作为自然物质迁移转化的重要载体，如何实现水资源可持续利用、支撑经济社会和谐发展、保障生态系统良性循环为主体的人水和谐，是生态文明建设的重要部分和基础内容。因此，水生态文明建设应当成为生态文明建设的先导和核心。

水生态文明建设是一个系统性建设工程。本书较全面地介绍了水安全保障体系、水生态环境修复体系、水资源管理体系、水景观规划设计体系、水文化建设、水经济建设和江西推行河长制的实践总结等。

全书共分8章。第1章简要介绍了生态文明的认识进程与内涵，以及水生态文明建设的概念、思路、目标和意义等，由谢彪、傅静、潘乐编写；第2章介绍水安全保障体系，包括水资源、水环境、水生态、水工程、供水安全等，由郭成建、白俊峰编写；第3章介绍水生态概述、水系生态整治措施、水生态环境修复技术和案例等，由王兴、徐桂珍、孙杨编写；第4章介绍水资源管理制度、补偿制度、绩效评价、责任追究、水生态法规、智慧水务和水资源监控能力体系等，由徐燕星编写；第5章介绍水景观相关理论、艺术性分析、景观设计基本要求和特色设计等，由张力薇编写；第6章介绍水文化内涵、发掘与保护、水文化教育等，由付建国编写；第7章介绍水资源经济，水资源经济学的研究对象和研究内容，水权、水价与水资源市场等，由傅静编写；第8章介绍河长制内涵、支撑体系以及江西河长制的实践总结等，由谢彪编写。全书由谢彪、傅静和王兴统稿。

本书在编写过程中得到中国工程院茆智院士、江西省河长办邹崴处长、南昌大学刘成林教授、南昌工程学院桂发亮教授等专家的指导和帮助，在此表示深深的谢意。同时得到相关参考文献作者的帮助和指导，在此对所有参考文献的作者表示衷心的感谢，并欢迎联系和交流。

目录

现中华民族永续发展”。

十八大以来的五年，我国生态文明建设成效显著。大力度推进生态文明建设，全党全国贯彻绿色发展理念的自觉性和主动性显著增强，忽视生态环境保护的状况明显改变。生态文明制度体系加快形成，主体功能区制度逐步健全，国家公园体制试点积极推进。全面节约资源有效推进，能源资源消耗强度大幅下降。重大生态保护和修复工程进展顺利，森林覆盖率持续提高。生态环境治理明显加强，环境状况得到改善。引导应对气候变化国际合作，成为全球生态文明建设的重要参与者、贡献者、引领者。

党的十九大报告提出，“建设生态文明是中华民族永续发展的千年大计。必须树立和践行绿水青山就是金山银山的理念，坚持节约资源和保护环境的基本国策，像对待生命一样对待生态环境，统筹山水林田湖草系统治理，实行最严格的生态环境保护制度，形成绿色发展方式和生活方式，坚定走生产发展、生活富裕、生态良好的文明发展道路，建设美丽中国，为人民创造良好生产生活环境，为全球生态安全作出贡献。”报告指出了我们党和国家在新时代中国特色社会主义经济社会发展中，人民群众日益增长的美好生活需求之一，正是对于美丽中国、美丽家园的美好愿望。迈进新时代，生态已经成为人民生活中不可或缺的关键一环。

人与自然是生命共同体，人类必须尊重自然、顺应自然、保护自然，只有遵循自然规律，才能有效防止在开发利用自然上走弯路。人类对大自然的伤害最终会伤及人类自身，这是无法抗拒的规律。新时代中国特色社会主义要建设的现代化是人与自然和谐共生的现代化，既要创造更多物质财富和精神财富以满足人民日益增长的美好生活需要，也要提供更多优质生态产品以满足人民日益增长的优美生态环境需要。必须坚持节约优先、保护优先、自然恢复为主的方针，形成节约资源和保护环境的空间格局、产业结构、生产方式、生活方式，还自然以宁静、和谐、美丽。

在我国经济快速增长中资源环境代价较大的严峻形势下，建设人与自然和谐发展的现代化迫切需要生态文明建设，生态文明建设是实现优美生态环境的必然选择。我国的基本国情是人口多、底子薄，资源相对不足、环境承载能力有限，又处于工业化、信息化、城镇化、市场化、国际化深入发展的历史进程。在这样的国情下，我国生态环境形式相当严峻，而造成这一严峻形势的因素复杂而深刻，包括粗放的经济增长方式、以煤为主的能源结构和重化工工业结构、巨大的人口规模和消费转型、全面快速的城市化、经济全球化以及对待自然的价值观等诸多经济社会文化原因，形成了罗马俱乐部所称的“世界问题复合体”。而且，这些因素在短期内难以改变，对资源环境的压力将继续加大。只有建设生态文明，才能从根本上协调人与自然、人与人的关系，彻底解决生态环境问题，达到标本兼治的目的。

生态文明理念及建设实践具有四个鲜明的特征：

（1）在价值观念上，生态文明强调给自然以平等态度和人文关怀。人与自然作为地球的共同成员，既相互独立又相互依存。人类在尊重自然规律的前提下，利用、保护和发展自然，给自然以人文关怀。生态文化、生态意识成为大众文化意识，生态道德成为社会公德并具有广泛影响力。生态文明的价值观从传统的“向自然宣战”“征服自然”，向“人与自然协调发展”转变；从传统经济发展动力——利益最大化，向生态经济全新要求——福利最大化转变。

（2）在实践途径上，生态文明体现为自觉自律的生产生活方式。生态文明追求经济与生态之间的良性互动，坚持经济运行生态化，改变高投入、高污染的生产方式，以生态技术为基础实现社会物质生产系统的良性循环，使绿色产业和环境友好型产业在产业结构中居于主导地位，成为经济增长的重要源泉。生态文明倡导人类克制对物质财富的过度追求和享受，选择既满足自身需要又不损害自然环境的生活方式。

（3）在社会关系上，生态文明推动社会走向和谐。人与自然和谐的前提是人与人、人与社会的和谐。一般来说，人与社会和谐有助于实现人与自然和谐；反之，人与自然关系紧张也会对社会带来消极影响。随着环境污染侵害事件和投诉事件的逐年上升，人与自然之间的关系问题已成为影响社会和谐的一个重要制约因素。建设生态文明，有利于将生态理念渗入到经济社会发展和管理的各个方面，实现代际、群体之间的环境公平与正义，推动人与自然、人与社会的和谐。

（4）在时间跨度上，生态文明是长期艰巨的建设过程。我国正处于工业化中期阶段，传统工业文明的弊端日益显现。发达国家二百多年前出现的污染问题，在我国快速发展的过程中集中出现，呈现出压缩型、结构型、复合型特点。因此，生态文明建设面临着双重任务和巨大压力，既要“补上工业文明的课”，又要“走好生态文明的路”，这决定了建设生态文明需要长期坚持不懈地努力。

1.2 生态文明建设面临的挑战和压力

1.2.1 生态环境形势严峻

我国环境形势呈现出压缩型、叠加型、复合型、耦合型的特点，环境污染正在从城市向农村转移，从人口稠密区、经济发达区向人口稀疏、经济欠发达地区转移，从局地向区域扩散，从江河城市段向流域蔓延，从常规性污染向非常规性污染、有毒有害污染转化，从浅层次向深层次的环境问题演变。老的问题没有根本解决，新的问题不断出现。污染的范围在扩大，污染的程度在加重，污染的风险在加剧，污染的危害在加大，治理的难度在增加。我国生态保护的形势不容乐观，区域生态系统结构破坏严重，生态服务功能持续下降。主要表现为：

1. 水环境形势危急

国土资源部发布的《2013中国国土资源公报》显示，全国203个地市级行政区开展了地下水水质监测行动，其中水质呈较差级的监测点2095个，占43.9%；水质呈极差级的监测点750个，占15.7%。“较差”与“极差”两者相加接近六成。据统计，2011—2013年，水质较差和极差的监测点占总数的比例分别为55%、57.4%和59.6%。可见地下水水质逐年变差。

2. 土壤质量退化

农业活动、废水排放、大气沉降和垃圾堆放都对土壤环境质量产生了广泛而深远的影响，土壤污染表现出源多、量大、面广、持久、毒害性大等特征，并从局部蔓延到区域。

2014年，我国耕地受到中、重度污染的面积约5000万亩，土地面临着严重污染和退化。燃煤、公路交通尾气排放的重金属，垃圾堆存残留的重金属等都会造成土壤污染。土壤重金属污染对粮食和蔬菜种植的影响尤为突出。

3. 生态系统更加脆弱

区域生态系统结构破坏严重，生物多样性不断减少，生态服务功能持续下降，生态灾害不断加重。生态系统呈现出由结构性破坏向功能性退化演变的态势，生态“赤字”不断增加。

森林的覆盖率虽然持续增长，但森林资源总量不足、分布不均、服务功能差的态势非常明显；草原和湿地生态系统仍处于局部改善而整体恶化的态势；土壤退化状况日趋严重，部分地区土壤污染严重，成为危害生态环境、威胁食品安全的重要因素；水生态系统的自然生态服务功能退化明显；生物多样性降低，外来有害物种入侵越来越多；海洋生态系统受损态势明显，近海环境质量不断恶化，渔业资源严重衰退，生态承载力持续下降；严重的环境污染直接影响到许多生态系统的服务功能。

4. 环境噪声扰民问题突出

城市声环境质量总体恶化，受噪声影响的暴露人口增加，影响范围不断扩大，环境噪声投诉长期居高不下。采访的群众中有三成反映噪声污染。2014年，全国354个检测城市中，区域声环境良好的城市占6.2%，28.5%的城市属于中度污染。

5. 固体废物污染程度增加

固体废物污染程度不断加剧、影响范围不断扩大。农村与城市生活垃圾、工业固体废物、危险废物都在不断增加。2017年我国工业固体废物产生量累计331592.1万t，同比增长7.24%；我国城市生活垃圾累积堆存量超过65亿t，侵占约35亿m^2土地，全国660多个城市中，已有2/3的大中城市被垃圾包围，有1/4的城市被迫将解决垃圾危机的途径延伸到乡村，导致垃圾二次污染，城乡结合区域的生态环境迅速恶化。持久性有机污染物污染危害逐渐显露。

6. 核与辐射安全隐患不容忽视

大规模快速建设核电站超过我国当前核电管理能力，核电人力资源短缺，适合我国国情的核安全法律、法规和相关的技术标准不够健全，监管机构设置不全和人力薄弱日显突出，核安全研究投入不足，机制不完善，核能发展未能同步解决其废物处置问题，短期内给核电厂运行安全留下隐患。

7. 全球和区域环境问题凸显

在全球环境问题上，我国既是原发地之一，又是重灾区，包括气候变化、臭氧层破坏、酸雨、持久性有机污染和危险废物越境转移、生物多样性减少、森林退化、土地荒漠化、海洋污染等。我国面临的区域（双边）环境问题繁多，跨界影响关系复杂，主要包括涉及十多条国际河流的跨界水资源开发和污染、周边海洋污染、东亚酸雨、东北亚沙尘暴、汞污染、大气棕色云等问题。

1.2.2　生态环境问题造成的影响重大而深远

（1）环境污染成为影响人体健康的重要危险因素之一。在我国人民健康水平不断提高平稳的增长态势。其中，电力工业增长速度与经济增长速度的比值保持0.7～0.8的比例关系，实现适度快速增长。

（3）城市化进程加速对环境形成的冲击负荷不断加重。我国大城市的环境基础设施建设依然处于历史“欠账”时期，绝大部分中小城市和城镇的基础设施建设严重滞后。到2020年，城市化率将达到50%，城市生活污水和垃圾产生量将比2000年分别增长约1.3倍和2倍。在绝大部分中小城市和城镇的基础设施建设严重滞后的情况下，届时未经处理直接排放的城市污水总量仍将略高于目前水平，电子用品垃圾、废弃的汽车和轮胎及其他有害废物也将加大城市垃圾处理的难度。在一般性有机污染物污染和尘污染问题得到解决后，氮、磷、持久性有机污染物造成的水污染问题将日益突出，细颗粒物危害将凸显出来。大城市汽车尾气污染趋势加重，氮氧化物将成为一些城市的主要污染物之一。

（4）农业发展方式和农村生活方式可能进一步加大环境压力。随着农业现代化加速推进，农业物质投入会继续加大，农业源污染将更加严重。农村生活污水和垃圾产生量将不断增加，农村环境基础设施薄弱的状况短期内难以得到明显改善，农村生活源污染将进一步加重；土壤污染程度加剧，严重影响食品安全，威胁人体健康；掠夺式采石开矿、挖河取沙、毁田取土、陡坡垦殖、围湖围垦、湿地造田、毁林开荒等，将会使很多生态系统功能遭到严重损害；粗放型的放牧方式和牧区过载将进一步加大草原生态环境的压力；畜禽养殖业的增长使畜禽养殖污染物排放强度加大，给局部地区水环境污染带来很大压力。

（5）经济全球化和技术发展将给环境保护带来新的挑战。在经济全球化的格局下，我国处于国际产业链的低端，因国际贸易产生环境风险的可能性较大。一方面，我国“两高一资”产品的大量出口对于国内资源环境的压力加大，一些工业产品在生产、包装等环节环境标准偏低，甚至没有环境标准，出口易受到发达国家环境标准的限制；另一方面，我国大量进口石油、天然气及部分大宗矿产品，也将增大国内能源安全、资源安全的风险，对全球资源供需产生深远影响。

新技术发展在为解决环境问题提供有力工具的同时，可能会产生许多新的环境问题，带来新的环境挑战。一是生物技术对生态环境的影响具有很大的不确定性，一些新的生物物种和转基因农作物在生物安全、食品安全和生态环境安全方面存在风险；二是科学技术的快速发展导致和促进了大量新的化学物质的合成，而有些化学物质可能成为自然系统中新的持久性有机污染物，反过来对人类健康和自然生态平衡构成威胁；三是随着现代信息技术的发展，产生大量的“现代垃圾”和电磁污染，若处置不当，将对水环境和土壤环境造成新的危害。

1.3 生态文明建设基本方略

生态文明建设既是重大的理论问题，也是重大的实践问题。发展是解决我国一切问题的基础和关键，发展必须是科学发展，必须坚定不移贯彻创新、协调、绿色、开放、共享的发展理念。生态文明建设的根本途径是转变经济发展方式，基本要求是改善生态环境质量，社会基础是牢固树立尊重和爱护自然的观念。

现阶段，我国生态文明建设的战略思路是：坚持和谐原则，为提升人的素质、促进人的形势下，一些与环境污染相关的疾病的死亡率或患病率持续上升。过去30年，我国恶性肿瘤死亡率持续上升，由83.645/10万上升至134.80/10万。其中，与生态环境、生活方式有关的肺癌、肝癌、结直肠癌的死亡呈明显上升趋势，肺癌死亡率上升幅度最大，由7.09/10万上升至30.83/10万。

(2) 环境问题危及公共安全与社会和谐。污染事故频发，威胁环境安全。我国重大环境突发事件呈现上升趋势，不仅影响了广大人民群众正常的生产、生活秩序，而且有些有毒有害物质的贻害难以短时间内消除，对环境污染事故发生区及毗邻区的环境安全造成长期威胁，甚至造成国际影响。因环境污染纠纷而引发的群体性事件，成为影响社会不稳定因素之一。环境投诉也成为社会投诉热点之一。

(3) 环境问题影响和平发展。我国在温室气体、消耗臭氧层物质、二氧化硫、汞等污染物排放方面都是世界排放大国。在气候变化、臭氧层消耗、酸雨、跨界河流污染等全球和区域环境问题上，我国既是受害者又是责任人，国际社会对中国应承担更多国际环境义务的要求日益高涨。环境问题已成为影响国际贸易的一个重要因素，对外贸易和投资的环境管理面临新的挑战。近年来，与环境问题相关的国外技术性贸易措施对我国产品出口产生不利影响的事件时有发生。2006年，我国有31.4%的出口企业不同程度地受到国外技术贸易措施的影响，直接损失达到359.2亿美元，占我国同期出口总额的3.71%。今后，生产过程中的环境标准和产品的环境属性问题对于我国对外贸易的影响会日益增大。

1.2.3　未来的生态环境压力仍将继续加大

未来一段时间，我国将基本完成工业化、城市化和农村现代化。工业化和城市化仍将处于加快发展阶段，经济结构调整的效应和粗放型经济增长方式的根本转变还需要较长时间，在环境容量相对不足、环境风险不断加大、环境问题日趋复杂的情况下，我国将面临更大的环境压力。

(1) 人口规模和消费转型给环境带来的压力将进一步加大。到2020年，我国人口将达到20亿人左右，城乡居民家庭恩格尔系数预计平均为35%，城乡居民消费类型将逐步由温饱型向全面小康型生活转变，高档耐用工业产品、肉蛋奶等畜禽产品的消费总量会不断增加，电器、房屋以及汽车等家用消费品的增长速度还要加快。废旧家用电器、建筑废弃材料、报废汽车和轮胎等的回收和安全处置将成为未来10年乃至更长一段时间内一个重要的环境问题。

(2) 经济发展的资源环境代价还将在一定时期内居高难下。未来20年是我国基本实现工业化的关键阶段，第二产业增长仍将是经济增长的主要动力，传统意义上的电力、钢铁、建材、造纸、化工等污染型行业依然存在增长的空间。尽管通过科技进步、技术改造、加强管理，工业各行业单位产值（或产品产量）污染排放强度会降低，但是由于我国经济总规模增长，污染物排放总量还有进一步增加的可能。工业发展规模的扩大还将导致对矿藏、耕地、能源和原材料等自然资源的需求增加，进而使得自然资源开发强度随之加大。结构性污染和粗放型增长方式对环境资源造成的压力持续增加。由于转变经济发展方式、调整经济结构需要一定的时间和过程，因而传统污染型工业快速发展的势头短期内还不可能得到根本性的转变。预计未来20年，一些传统意义上污染较重的行业将保持相对的全面发展创造安全、健康的生态环境；坚持循环原则，依据生态规律，从根本上解决发展与资源环境有限的矛盾；坚持协调原则，与我国经济、政治、文化、社会建设同步；坚持适度原则，为人类社会长远发展预留空间、积蓄潜力；坚持优先原则，实施严格的环境保护措施，加快推进经济发展方式转变和经济结构调整，提升经济发展质量；坚持人文原则，把重要生态系统看做是与人类密切相连又具有独立存在价值的生命体，给自然生态以平等态度和人文关怀。

目前，生态文明建设的任务主要有以下四个方面：

(1) 推进绿色发展。加快建立绿色生产和消费的法律制度和政策导向，建立健全绿色低碳循环发展的经济体系。构建市场导向的绿色技术创新体系，发展绿色金融，壮大节能环保产业、清洁生产产业、清洁能源产业。推进能源生产和消费革命，构建清洁低碳、安全高效的能源体系。推进资源全面节约和循环利用，实施国家节水行动，降低能耗、物耗，实现生产系统和生活系统循环链接。倡导简约适度、绿色低碳的生活方式，反对奢侈浪费和不合理消费，开展创建节约型机关、绿色家庭、绿色学校、绿色社区和绿色出行等行动。

(2) 着力解决突出环境问题。坚持全民共治、源头防治，持续实施大气污染防治行动，打赢蓝天保卫战。加快水污染防治，实施流域环境和近岸海域综合治理。强化土壤污染管控和修复，加强农业面源污染防治，开展农村人居环境整治行动。加强固体废弃物和垃圾处置。提高污染排放标准，强化排污者责任，健全环保信用评价、信息强制性披露、严惩重罚等制度。构建政府为主导、企业为主体、社会组织和公众共同参与的环境治理体系。积极参与全球环境治理，落实减排承诺。

(3) 加大生态系统保护力度。实施重要生态系统保护和修复重大工程，优化生态安全屏障体系，构建生态廊道和生物多样性保护网络，提升生态系统质量和稳定性。完成生态保护红线、永久基本农田、城镇开发边界三条控制线划定工作。开展国土绿化行动，推进荒漠化、石漠化、水土流失综合治理，强化湿地保护和恢复，加强地质灾害防治。完善天然林保护制度，扩大退耕还林还草。严格保护耕地，扩大轮作休耕试点，健全耕地草原森林河流湖泊休养生息制度，建立市场化、多元化生态补偿机制。

(4) 改革生态环境监管体制。加强对生态文明建设的总体设计和组织领导，设立国有自然资源资产管理和自然生态监管机构，完善生态环境管理制度，统一行使全民所有自然资源资产所有者职责、所有国土空间用途管制和生态保护修复职责、监管城乡各类污染排放和行政执法职责。构建国土空间开发保护制度，完善主体功能区配套政策，建立以国家公园为主体的自然保护地体系。坚决制止和惩处破坏生态环境的行为。

1.4　水生态文明的概念、总体思路、目标

1.4.1　水生态文明的概念

水是生命之源、生产之要、生态之基，水循环是地表最活跃的循环过程，参与所有形式的生态和生命过程，同时也是自然物质迁移转化的重要载体。水生态文明不仅是生态文

1.4.4　水生态文明建设的重要意义

水是生态系统最活跃的控制性因素，人类由水而生、依水而居、因水而兴。离开了水资源，不仅人类社会难以为继，任何生命都无法延续。因此，水是生命之源，是不可替代的自然资源和国家的经济资源，是人类社会和生产活动必不可少的物质基础。水生态文明建设的主要内容包括防洪保安、水资源保障、水环境治理、水生态修复和保护、水经济发展、水文化继承和培育等方面，涵盖了生态文明建设的核心内容，是生态文明建设的基础和保障。

生态危机日益凸显进一步强调了水生态文明建设的迫切性。

（1）资源约束日益趋紧。受人类活动、全球变化和经济社会等环境变化的综合影响，自20世纪80年代以来，我国江河实测径流量总体上呈现减少的趋势，水资源供需矛盾日益尖锐，北方河流尤为显著。如根据1980—2010年水文资料系列与1950—1979年系列的比较分析，海河流域降雨量减少约10%，实测径流量减少40%～75%，地表水资源（第二次水资源调查评价成果，1980—2000年系列与1950—1979年系列比较）减少40.1%。虽然近几年华北地区降水量有所回升，但华北地区的水资源短缺问题仍很突出，是限制经济社会发展的重要原因。

（2）环境污染日益严重。人类在快速发展经济的同时也付出了沉重的代价。虽然国家加大了治污的力度，但是环境污染问题仍是发展带来的突出问题。在水体污染方面，2012年全国废污水排放总量785亿t（不含火电直流冷却水排放），仍保持上升的趋势；对全国20.1万km河流的水质检测评价结果显示，37%的河段劣于Ⅲ类水；对112个主要湖泊共2.6万km^2水面的监测评价结果显示，56%的水面面积水质劣于Ⅲ类水。在大气污染方面，以北京市为例，根据35个覆盖全市的监测站点的自动监测数据分析，空气受到污染的天数为189天，占全年总天数的51.8%，其中重度污染有45天。造成这种严重的大气污染，天气只是环境条件，重要的是排放污染的长期积累超过了环境承载能力。

（3）生态系统日益退化。如：随着社会发展，人类活动取用水不断增加，石羊河流域从维系几千年的湿地生态系统逐渐转变为现今的荒漠生态系统。又如：由于经济社会的快速发展和水资源短缺，华北地区水资源严重超采，北京地下水位10年下降12m，已形成2650km^2的沉降区，一些地方地下水位已达基岩，无水可抽。还如：20世纪50年代以来，全国有142个大于10km^2的湖泊萎缩，总计面积减少9574km^2，占萎缩前湖泊总面积的12%；近20年间我国湿地总面积减少了11.46%。这些变化均对我国的生态系统造成了难以恢复的破坏和久远的影响。我们切身感受到的种种生态危机，警醒人们要加快推进水生态文明的建设，以促进和保障经济社会的可持续发展。

第2章 水 安 全

我国正在积极有序地推进包括资源安全和生态安全等在内的国家安全体系建设。水安全直接关系到资源安全和生态安全，间接关系到经济安全和社会安全，部分关系到国土安全。我国水安全形势并不乐观，保障水安全已成为我国可持续发展的重要基础和内涵，迫切需要研究相关理论、建立健全国家水安全的保障体系。

从水的主要功能方面系统地理解水安全的科学内涵，主要包括以下方面：着眼于水的资源功能，强调水资源安全；着眼于水的环境功能，强调水环境安全；着眼于水的生态功能，强调水生态安全；着眼于水功能的实现，强调水工程安全；着眼于民生保障，强调供水安全；着眼于水的国际关系，强调国际水关系的安全。

2.1 水 资 源 安 全

2.1.1 水资源安全的概念

全球可利用的水资源有限，随着人口的增长、需水量的增加、人类活动的加剧、尤其是污染物排放量的增加等，全球水资源面临的压力将有增无减。作为国家生存与发展的基本保障条件，水资源安全的问题已成为世人关注的焦点。如何在满足可持续发展的条件下，保证水资源的安全，是目前面临的一个十分严峻又富有挑战性的问题，也是国际国内水资源领域一个十分重要的方向性问题。

安全不是一个孤立的概念，安全一定依附于一个实体，或说依附于一个主体，是指主体的安全。可以认为，安全是一种状态或一种属性，必须要依附于一定的主体才能存在。当安全依附于人时，是人的安全；当安全依附于国家时，是国家的安全。因此，当人们谈论安全时，一定是谈论某个主体的安全，而不是空谈安全。

水资源安全其实就是人的安全，水资源安全依附的是人，人是主体，也只有人才是主体。这是人类现代文明的核心观念，是现代社会发展的理念基石。所谓人的主体地位，是指人在与自然界关系中的一种位置，即在该关系中，人是主体，自然界是客体。人与自然界之间的关系是相当复杂的，有不同的角度和不同的层次，“主—客”关系是人与自然关系的基本方面，但不能涵盖人与自然界关系的全部。因此，人与自然的“主—客”关系的确立也是有范围的，其作用也是有限度的。

在人与自然的关系中，人的主体地位的内涵主要表现如下：

（1）人依据自身生存和发展的需要积极地利用自然、改造自然，实现主体客体化。

（2）人通过实践活动将外在于人的自然“内在化”，以充实、完善和发展人自身，实现客体主体化。

(3) 人的主体地位的实质在于人是目的。就人与自然关系的本质而言，人具有目的价值，自然界具有手段价值。

所以，水资源安全的主体是人，它描述的是水资源系统中人的安全性。安全是人与水资源之间一种最重要、最基本、最不可缺少的关系。一旦没有了安全这种关系，人就可能失去其生存与发展的最基本需要和最基本条件。

2.1.2　水资源安全问题

水资源安全问题首先是水资源量对人生存与发展的问题。根据第二次全国水资源调查，在北方地区调查的514条河流中，2000年发生断流的就有60条，干涸湖泊417个，面积大于10km^{2}的湖泊有229个发生萎缩，全国天然陆域湿地面积减少1350hm^2。海河流域地下水资源可开采量为152亿m^3，实际开采量180亿m^3。国家煤电基地大同市城区地下水开采量是其可开采量的1.52倍，已经开采了地下水的静储量，地下水的降落漏斗面积已大于大同市整个市区的面积，也就是说大同市整个市区现在坐落在地下水漏斗之上，水资源量的减少已危及人类的生存。

水资源安全问题其次是水污染对人生存与发展的问题。根据2012年联合国教科文组织发布的《世界水资源发展报告》，全球有超过80%的废水未得到收集和处理，每年有350万人的死因与供水不足和卫生状况不佳有关，如图2.1所示；伴随流域水资源危机而

图2.1　世界水资源现状

出现的“环境难民”逐年增加，英国“眼泪基金会”于2006年推出的研究报告《热浪袭人》显示：截至2006年，全球环境难民总数已达2500万人。联合国预测，2020年会出现5000万名“环境难民”，超过了“战争难民”的人数。中国有1/4的人口在饮用不符合卫生标准的水；同时，水污染事件频发，其中重大水污染事件就有如2004年沱江“3·02”特大水污染事故、2005年北江镉污染事故、2005年松花江重大水污染事件、2007年太湖水污染事件等。

2.1.3 水资源安全的目标

水资源安全的目标就是保证人类的生存与发展不因水资源的问题而受到威胁。“人”作为水自然系统的干扰者要保障国家资源安全，必须树立以下观念：

（1）开放的资源观。为弥补国内资源的不足，保证资源供给的稳定，必须树立全球资源为我所用的观念，积极开展国际交流与合作。

（2）动态的资源观。对水资源除了掌握其本身的动态性以外，还要掌握资源的需求与供给的变化、资源的利用方式的变化、科技的不断进步、制度的不断创新以及价值取向的发展，所有这些决定了资源安全是一个动态的概念。因此，资源安全的研究和决策要具有前瞻性。

（3）可持续发展的资源观。水资源安全问题的研究和解决，主要立足于可持续发展理念。对水资源的开发利用，不仅要考虑当代人的利益，而且要顾及子孙后代的利益。在满足经济发展的同时，还要加强对水资源的保护。我国正处在经济快速发展、社会迅速转型时期，也是实现经济增长方式和社会价值取向根本转变的时期。为此，要加速经济增长由粗放向集约的转变、由资源过度消耗向资源可持续利用的转变，建立资源节约型国民经济体系和资源节约型社会，这是保障国家资源安全的根本出路所在。

（4）系统的资源观。不仅资源之间、资源与环境之间存在很强的关联性，而且水资源安全问题涉及方方面面，环境问题、生态问题、经济问题等都影响到其安全。从水资源安全内部看，其安全与否对其他资源安全状态也有着重要影响。必须树立系统的资源观，才能系统地、科学地处理好水资源的安全问题。水资源安全目标的实现需要有科学的保障体系，包括法律保障、制度与管理保障、科学技术保障、体制与机制保障、监测与预警应急保障、文化和伦理保障等。

2.2 水环境安全

2.2.1 水环境安全的概念

水是环境中最活跃的因子，水的量变和质变对环境的影响十分敏感。水环境安全作为生态环境安全中最重要的子项，是社会经济持续发展的保障。水环境是以水体这种环境要素为中心而组成的水生态系统，它不仅仅指水，而且指由构成水环境整体的各个独立的、性质不同的而又服从整体演化规律的各种水环境要素。水环境研究的出发点不仅仅是以人为核心，同时应兼顾其他生物的保护，是对整体生命系统的考虑。因此，水环境是指围绕人群和生物的空间，可直接或间接影响人类生活、社会发展和生物生存的以水体为媒介的环境，具备各种自然要素和社会要素的综合。

总之，水环境安全是指人类的生存和发展以及生物种群的生存和自然进化不受水环境问题的危害和威胁，而这种水环境问题往往是由不合理的人类活动造成的。具体说就是在一定的时空下，水体保持足够的水量，安全的水质条件可以维护其正常的生态系统和生态功能，保障水中生物的有效生存，周围环境处于良好状态，使水环境系统功能正常发挥，同时能较大限度地满足人类可持续发展的需要，使人类自身和人类群际关系处于不受威胁的状态。

2.2.2 水环境安全问题

随着经济社会的快速发展，我国水环境面临着水体污染、水资源短缺和洪涝灾害等多方面压力。水体污染加剧了水资源短缺，水生态环境破坏促使洪涝灾害频发。河流以有机污染为主，主要污染指标是氨氮、生化需氧量、高锰酸盐指数和挥发酚等；湖泊水库以富营养化为特征，主要污染指标为总磷、总氮、化学需氧量和高锰酸盐指数等，湖泊富营养化可能导致蓝藻大规模暴发，直接引发水环境安全问题，如 2007 年太湖暴发严重的蓝藻污染事件（图 2.2）。为了更好地保护和利用水资源，实现水资源可持续利用，实现社会利益、经济利益、生态利益的协调发展，进一步推动地方经济社会发展的需要，对水环境安全与保护的研究显得非常迫切。

图 2.2　太湖蓝藻暴发

1. 水环境问题产生的原因

我国水环境问题产生的原因是多方面的，但主要是人类主观因素的影响。长期以来，我国经济增长方式粗放，企业单纯追求经济效益，忽视环境效益和生态效益。工农业发展过程中，水消耗量大、利用率低。水环境问题严重的另一个重要原因是国家政策导向的偏差。长期以来，国民经济和社会发展注重经济增长速度、主要产品产量、城镇居民收入增长等指标，未把资源消耗和环境代价纳入经济核算体系。我国一度“遍地开花”的小企业，布局分散，规模不经济，生产工艺落后，造成了严重的环境污染和生态破坏。

区域经济发展和区域环境容量不相适应，也是造成水环境污染的重要原因。我国主要江河出现的严重流域性水污染，在很大程度上与流域产业结构和布局不合理有直接关系。由于缺乏科学认证和科学管理，一些缺水地区盲目发展高耗水型工业，造成地下水位下降；一些资源丰富的地区发展单一的资源型产业，不发展与之相配套的加工业，产业结构雷同，形成严重的结构型污染。

2. 水体的主要污染源

（1）工业废水是目前水体的主要污染源，它的特点是水量大、含污染物质多、成分复杂，有些废水中含有有毒有害物质。不同工业废水在水质特征、排放量、排放规律等方面存在较大差异，对水体污染程度也各不相同。

(2) 生活污水也是水环境污染的一个重要污染源。生活污水数量、成分、污染物程度与居民的生活习惯、生活水平和用水量有关，不同区域生活污水量和生活污水污染浓度往往呈现不同的特征，城镇生活污水与农村生活污水排放也有较大差别。总体而言，一定区域的生活污水水质比较稳定，有机物和氮磷等营养物质含量较高，一般不含有毒有害物质，生活污水中还含有大量的合成洗涤剂以及细菌、病毒、寄生虫卵等。

(3) 初期雨水是城市水环境污染的重要污染源之一。由于汽车交通、工业生产废气、生活废弃物等的排放，城市大气及城市路面积累了大量污染物，这些污染物随初期雨水冲刷进入河道水环境，对水环境造成污染。随着降雨持续，污染物逐渐减少，后期雨水污染物浓度一般较低。

(4) 农田径流是农村水环境污染的重要原因，由于经济发展的需要，为追求高效高产农业，一些农田往往过量施肥以保持较高肥力。溶解化肥随雨水及地下水进入河道、水库、湖泊，化肥中含有大量氮、磷等营养物质，造成水体的富营养化。农田施用的农药也会随雨水进入水环境，造成水体污染。

3. 水环境污染事件

事例 1：1986 年 11 月 1 日，瑞士巴塞尔市桑多兹化工厂仓库失火，近 30t 剧毒的硫化物、磷化物与含有水银的化工产品随灭火剂和水流入莱茵河。顺流而下 150km 内，60 多万条鱼被毒死，500km 以内河岸两侧的井水不能饮用，靠近河边的自来水厂关闭，啤酒厂停产。有毒物沉积在河底，使莱茵河因此而“死亡”20 年。

事例 2：1994 年 7 月，淮河上游的河南境内突降暴雨，颍上水库水位急骤上涨超过防洪警戒线，因此开闸泄洪将积蓄于上游一个冬春的 2 亿 m^3 水放了下来。水经之处河水泛浊，河面上泡沫密布，鱼虾顿时丧生。下游一些地方居民饮用了虽经自来水厂处理、但未能达到饮用标准的河水后，出现恶心、腹泻、呕吐等症状。经取样检验证实上游来水水质恶化，沿河各自来水厂被迫停止供水达 54 天之久，百万淮河民众饮水告急，不少地方花高价远途取水饮用，有些地方出现居民抢购矿泉水的场面，这就是震惊中外的淮河水污染事件。

事例 3：松花江重大水污染事件。2005 年 11 月 13 日，中石油吉林石化公司双苯厂苯胺车间发生爆炸事故。事故产生的约 100t 苯、苯胺和硝基苯等有机污染物流入松花江。由于苯类污染物是对人体健康有危害的有机物，因而导致松花江发生重大水污染事件（图 2.3）。哈尔滨市政府随即决定，于 11 月 23 日零时起关闭松花江哈尔滨段取水口，停止向市区供水，哈尔滨市的各大超市无一例外地出现了抢购饮用水的场面。

图 2.3 被污染的松花江

社会经济发展、人民生产生活不会因为水质变化导致生态环境破坏和水质性缺水而受到损害。水生态安全的外延指的是水生态安全引发的其他安全，如粮食安全、人体安全、经济安全、国家安全等。

2.3.2 水生态安全的理论基础

水生态安全强调人与水生态系统的和谐共生，其理论基础涉及生态哲学、生态伦理学、生态经济学、可持续发展理论、生态系统服务理论、生态承载力理论等多个学科。深刻把握这些学科领域的成果能为水生态安全内涵特征、评价、保障等方面的研究提供多种思路与启发。

1. 生态哲学

生态哲学是新的哲学范式。它以人与自然的关系为基本问题，是一种新的世界观。它源于生态问题的重要性，涉及人类生存的问题。其主要观点如下：

(1) 从本体论来看，它认为“人—社会—自然”复合生态系统才是世界的本原。虽然世界可以分为自然存在、社会存在、精神存在，但它们都是复合生态系统和生态过程的一部分，是它的一种表现形式。

(2) 它认为世界各种事物是相互联系、相互作用和相互依赖的，离开对事物关系的分析，就不能全面认识事物。

(3) 整体比部分更重要，坚持整体论世界观。它认为事物的性质由整体的动力决定，整体决定部分，部分只是在整体中才获得它的意义。

(4) 按生态世界观，主体不是唯一的。在生态系统中，不仅人是主体，生物个体、种群和群落也是生态主体。

(5) 客体不是僵死的，物质主动性有不同的层次。世界上不存在无主动性的存在形式，只是物质演化的不同阶段有不同形式和不同程度的主动性，包括无机物的主动性、生物主动性、人的主动性。

2. 生态伦理学

生态伦理学最重要、最根本的观点是自然的内在价值和外在价值的统一。自然的外在价值是指自然界对人和其他生命的有用性。自然的内在价值是指生命和自然界按照一定的自然规律自我维持、自我组织和不断地再生产，自为地进行自己的生命活动，以自己的形式表达自己。两者的统一性表现在每一种生命都从利用地球生态资源中生存和生长，同时它的生存和生长又为其他生命创造了生存条件。这种统一性在生态系统中表现为任何生命，无论是个体或物种，都离不开生态系统，否则就是死亡或瓦解。将这种观点引入水生态安全研究，可以得到这样的认识：水生态系统及其组分具有外在价值，因而人类可以利用它以服务于人自身；但它们也拥有内在价值，这要求我们尊重它们、善待它们。无论是为了人类的利益，还是水生态系统中各物种的利益，水生态系统的稳定、健康和完整都是必须维持的。这种认识为解决当今水生态安全问题提供了道德规范和社会认同。

3. 生态经济学

生态经济学是一门从最广泛的角度研究生态系统和经济系统之间关系的学科，重点在于探讨人类社会的经济行为与其所引起的资源和环境嬗变间的关系。它认为经济系统只是生态系统的子系统，因此经济系统的物质扩张会替换整个系统的其他部分，从而产生机会成本。当人类社会规模较小时，自然资源与环境不是稀缺资源，经济扩张的机会成本可以忽略不计，此时的增长是“经济”的增长。但地球生态系统是有限而非增长的，其中，经济系统持续的扩张最终会使得它进一步增长的成本高于其产生的价值，此时的增长就成为“不经济”的增长。因此，经济增长只有在不超过地球承载力的前提下才是有意义的。许多研究都表明，今天人类的经济活动对地球的影响力已超过它的承载范围，自然生态系统日益退化。基于此，生态经济学提出：当今人类应该实现从增长到发展的转变。这里的增长是指规模数量或吞吐量的增加。其中，吞吐量是指从全球生态系统进入经济系统，再以废弃物形式反馈回全球生态系统中的原材料流和能量流。而发展是在一定的吞吐量下物品和服务质量的提高，这里的质量定义为提高人类福利的能力。这种理论使我们认识到：

(1) 人类从水生态系统中获得收益是有生态代价的，但只要这种代价不超过前者就是合理的，对人类和水生态系统都是安全的。

(2) 由于水生态系统的有限性，以经济增长为最高目标利用水生态系统必然会导致水生态系统崩溃，因此水生态承载力是人类利用水生态系统服务的约束条件。

(3) 由于以增长为目标，同时因为发达的现代科技和空前的人类社会规模，今天人类从水生态系统获得的经济增长的机会成本已非常显著，因此不应在人—水综合系统中继续增加物质流和能量流的流量，而应努力提高水生态系统服务供给的质量。

4. 可持续发展理论

现代工业文明发展模式既使得人类物质文明水平获得了前所未有的巨大提高，也导致了现代的生态危机。人类对之进行了深刻的反思，于是提出了可持续发展理论。它包括三个方面的内容：生态的可持续性、社会的可持续性与经济的可持续性。其主要原则如下：

(1) 公平性。这又包括两方面，即代内公平和代际公平。前者是指一个地区的发展不能使其他地区的发展受到危害；后者是指当代人的发展不能损害后代人生存与发展的机会。

(2) 持续性。也就是不能仅仅只注重发展的状态和目标，而更应注重发展趋势的持久性，注重未来的发展能力和发展空间。

(3) 协调性。只有经济、社会、环境协调发展，寻求三者效益的最大化，才能实现可持续发展。

可持续发展理论为水生态安全研究提供了以下思路：

(1) 水生态安全是衡量生态可持续性的重要表征。水生态系统处于安全状态也就是水生态系统运转良好，也就意味着生态可持续。

(2) 水生态系统为人类的生存与发展提供各种各样重要的，有时甚至是必不可少的产品和服务，因此水生态安全是人类社会可持续发展的重要基础和主要目标之一。

(3) 对水生态系统的利用不能仅仅为满足我们当前的利益，更应满足长远发展的需要。有必要结合区域实际，预测将来一段时期水生态安全的演变趋势，并采取合理措施加以调控，确保水生态系统的持续发展。

(4) 影响水生态安全的因素包括自然、社会、经济等多方面，因此需要以可持续发展理论为指导，将水生态安全问题与区域发展问题有机结合起来，协调自然、社会、经济三个子系统的关系，实现水生态安全的稳定发展。

5. 生态系统服务理论

第二次世界大战后人口的迅猛增加和科学技术的快速发展，使得人类对自然生态系统的开发利用达到前所未有的程度。在此过程中，由于片面强调生态系统服务的市场价值或直接使用价值，忽略了它所具有的其他生态效用，因而自然生态系统对人类的整体效用被低估，生态系统受到的压力日益严重。为有效保护自然生态系统，研究者提出了生态系统服务概念。千年生态系统评估（Millennium Ecosystem Assessment，MA）将之定义为人类从生态系统获得的各种惠益。生态系统服务是生态安全的物质基础和正向测标，是人类赖以生存和发展的基础。

当生态系统服务出现异常时，表明生态系统自身结构与功能受损，其自身安全受到了威胁；另外也说明生态系统对人类所需的产品和服务的供给能力下降，人类安全的生态基础受到了威胁，因而自然—人类复合生态系统处于生态不安全状态。生态系统服务理论为水生态安全研究提供了以下思路与启发：

（1）生态系统服务视角是评价水生态安全的较好角度。生态系统健康评价主要基于生态系统的自身状况，相对忽略了人类安全这一方面。而生态系统服务既以生态系统自身安全作为前提和基础，又以人类福祉作为指向，非常契合生态安全的目标，即人与自然持续、协调发展。

（2）目前提出的水生态系统服务种类有20余项，这为更全面分析研究水生态安全提供了良好的基础。

（3）生态系统服务的特征为我们理解和认识水生态安全的生态学机制、准确评价其状况、制定有效的保障对策提供了视角和途径。

6. 生态承载力理论

（1）生态承载力的概念及内涵。

生态承载力一般指的是自然生态系统对经济社会系统的承载能力，主要包括以下方面：

1）生态弹性力，即生态系统的自我维持和调节能力。

2）资源承载力，即区域内资源的可持续供给能力。

3）环境承载力，即在不超出生态系统弹性限度条件下，环境子系统所能承纳的污染物数量。

4）人类支持能力，即人类通过文化社会因素（如科技进步、社会制度和贸易），可以大大提高生态系统对人类的承载力。

（2）生态承载力的特点。

生态承载力的特点主要有以下几个方面：

1）在某种状态下，生态弹性力和资源环境的供容能力都是一定的，因此特定时期下的生态系统承载力是客观存在的。

2）生态承载力不是固定不变的。所有自然系统的生态平衡都是一种相对稳定状态，如果人类活动的强度超过了系统的自我调节能力，系统就会建立新的平衡和新状态下的生态稳定性；如果人类通过一些手段（如科技创新）使生态系统发展到更高一级的状态，此时系统的生态承载力便提高。

3）生态承载力具有空间差异性。不同区域的生态因子在空间分布上有很大差异，人类社会经济活动的发展水平、规模方向及生态保护标准也有明显的地域差异，因此不同区域的生态承载力是不同的。

（3）生态承载力为水生态安全研究提供思路。

生态承载力理论为水生态安全研究提供了以下思路：

1）生态承载力的本质是自然生态系统对人类经济社会活动的承载能力，这种施压—承压思路为更全面深刻理解水生态安全提供了一种很好的视角。

2）使我们可以从水资源承载力、水环境承载力、水生物承载力等方面更细致地分析水生态系统对人类的支持能力。

3）人类文化社会因素是影响水生态安全的非常重要的因素，也是改善或提高水生态安全程度的关键因素。

4）水生态安全亦具有动态性和区域性。

2.3.3 水生态修复的目的和原则

1. 水生态修复的目的

水和水生态系统是经济社会高速发展的重要基础支撑和保障，一个持续发展的社会，不仅表现在经济发展的可持续性，也应包括水资源、水生态环境的可持续性。经济社会发展的必然结果，是人水关系由片面追求对河湖资源功能的工具化开发利用，向尊重自然、尊重其价值、体现人水和谐的本体价值的转变。

水生态修复是对前期不合理开发和利用的补偿，也是持续利用河湖、促进水生态系统稳定和良性发展的保障。水生态修复的根本目的是通过一系列工程与非工程措施（如生态保护立法、执法、流域综合管理等），改善水生态系统的水质和水文情势、修复河湖地貌景观、维持与修复生物群落多样性，从而改善河湖生态系统的结构、功能和过程，使之趋于自然化。

水生态修复具体表现在：强化河湖水网的总体构建，改善河湖综合条件，提高防洪保障和抵御洪涝风险的能力；建设生态河湖，恢复利用河湖自净能力，隔断污染对水体的侵害；保护和恢复河湖的自然多样性特征，恢复和重建其水生态系统；尽可能保持河湖自然特性，营建优美水边环境，提供丰富自然的亲水空间，构建现代水系统和风景旅游生态城市；对河湖的开发治理考虑其生态的可持续性和区域经济的可持续发展。

2. 水生态系统修复的基本原则

水生态系统修复应该坚持绿色发展与科学发展，贯彻新时期水利工作方针，通过水资源的合理配置和水生态系统的有效保护，维护河流、湖泊等水生态系统的健康，实现对水功能区的保护目标和水生态系统的良性循环，支撑经济社会的可持续发展。

（1）遵循自然规律原则。要立足于保护生态系统的动态平衡和良性循环，坚持人与自然和谐相处；要针对造成水生态系统退化和破坏的关键因子，提出顺应自然规律的保护与修复措施，充分发挥自然生态系统的自我修复能力。

（2）满足社会经济现实需要的原则。从经济社会发展的实际出发，确定合理适度、现实可行的水生态保护和修复目标。

(3) 保持水生态系统的完整性和多样性原则。不仅要保护水生态系统的水量和水质，还要重视对水土资源的合理开发利用、工程与生物措施的综合运用。水生态系统具有独特性和多样性，保护措施应具有针对性，不能完全照搬其他地方的成功经验。管理工作要与水功能区要求充分结合。

(4) 长期性原则。水生态系统的保护和修复工作要坚持不懈，将水生态系统保护的理念贯穿到水资源规划、设计、施工、运行、管理等各个环节，成为日常工作的有机组成部分。

2.4 水工程安全

2.4.1 水工程安全的概述

目前，我国许多水利水电工程因长期服役，不同程度地存在着病险、老化和病变的安全问题，给经济社会发展和国家安全保障带来严峻的挑战。积极开展水工程安全隐患防治，是十分紧迫和非常必要的。

2.4.2 我国水工程安全的现状

中华人民共和国成立以来，全国已建成各类水库85160座，其中大型水库460座，中型水库2827座，小型水库81873座，总库容5542亿m^3，相当于全国年径流量的1/6，年供水能力约5000亿m^3，可为城市供水200亿m^3。全国已建江河堤防总长度27.7万km，各类海堤1.4万km，累计达标堤防长度9.5万km，其中大江大河干支流1级、2级堤防达标2.27万km。全国有402处大型灌区，万亩以上的灌区共有5800处，小型塘堰等蓄水工程670多万处，机电泵站51.6万多处，有效灌溉面积0.563亿hm^2，占耕地面积的43%。

1. 水库工程

水库大坝作为一个庞大的工程建筑随时面临着许多病害的威胁，一旦出现问题也会给当地居民带来灾难性的后果，威胁大坝的因素有很多，简单说有人为因素和自然因素，其中人为因素主要是水库大坝在设计选址时对当地的自然情况缺少勘察，经验不足，缺乏科学的态度；水库大坝设计不合理，施工时管理不善，建筑材料不合格，等等。常见的威胁大坝的因素有以下几种：

(1) 白蚁。“千里之堤毁于蚁穴”，这是中国人熟知的一句成语，可见白蚁对大坝的毁坏古来有之。白蚁危害江河堤坝，常常造成管涌、滑坡和牛皮胀等险情。白蚁对土坝的本质性威胁是在土坝内挖掘的四通八达的蚁道和主巢腔及众多的菌圃腔，严重者会酿成塌堤垮坝的重大事故。

(2) 地震。水库的建设是人类改变自然的一个创举，但同时也会带来一些问题，最常见的就是水库地震问题，其直接原因是由于水库的蓄水引起岩体应力的集中和能量的释放，水体载荷产生的压应力、剪应力破坏地壳应力平衡，引起断层的错动，从而引发地震。水库地震多发生在蓄水一段时间后的水库下游或者坝区附近。

（3）渗透。渗透是破坏平原区水库大坝的主要形式，从渗透破坏发生机理的角度将渗透破坏形式分为流土、管涌、接触流土、接触冲刷四种类型。

2. 堤防工程

堤防的作用主要是限制洪水泛滥，保护居民安全和工农业生产；约束水流，提高河道的泄洪排沙能力，防止风暴潮的侵袭。目前一些堤防普遍存在的问题有：

（1）防洪标准低。大部分河流堤防标准只有 10 年一遇至 20 年一遇，堤身断面单薄，堤顶宽度和高度不够。一些中小河流处于不设防状态。

（2）基础条件差、渗漏严重。长江中下游 3 万多 km 的堤防都是修筑在第四系冲积平原上，干堤堤基多为二元（或多元）结构，堤基上部为弱透水黏土或壤土覆盖层，一般只有 1～3m 厚，最厚的也只有 3～10m，其下部为强透水的砂卵石层，厚度可达百余米。嫩江、松花江流域堤基大部分是砂壤土和粉细砂，渗透系数大。由于一些堤防的基础大部分未进行过处理，在高水位洪水下，极易形成管涌，发生渗透稳定破坏。

（3）堤身质量差、隐患多。一些加高培厚形成的堤防，堤身压实标准和密实程度难以满足要求。另外，由于管理等方面原因，堤内被白蚁、鼠、獾、蛇等动物破坏，形成空洞，造成堤身产生裂缝、塌陷、散浸等险情。

（4）险工险段多、崩岸风险大。一些堤防的堤身质量不均匀，筑堤土质差，很多由沙质土筑成，抗冲能力差，形成险工险段。由于历年不能彻底处理，每到汛期险象环生。另外，由于河势经常发生变化，不断冲刷堤脚，加之堤防抗冲性能差，容易造成崩岸险情。

（5）违章建筑、堤后取土坑塘多。许多堤防堤坡房屋密集，堤后水塘密布，一旦出现险情很难发现，从而贻误了抢险时机。

3. 水闸工程

据统计，全国共有大型病险水闸 260 座，约占大型水闸总数的 54%；中型水闸 1522 座，约占中型水闸总数的 46%。

4. 灌溉工程

我国现有的灌溉工程设施由于受资金、技术等条件的限制，普遍存在工程建设标准低、配套差、老化失修等问题，许多工程设施已达到或超过设计使用年限。据调查统计，全国 402 处大型灌区，完成投资不足设计投资的 50%，建筑物配套率不足 70%，骨干工程损坏率达 40%，渠首建筑物严重老化损坏的占 70%；100 处灌区的末级渠道衬砌率只有 5%，建筑物配套率仅为 30%，基本没有量水设施；500 座大型泵站中，有 350 座严重老化，设备严重损坏，老化损坏率占 70%。

2.5 供 水 安 全

2.5.1 供水安全概述

1. 供水安全的表现形式

供水安全在人类发展历史的各个阶段中内涵不断丰富。在采集狩猎社会，人靠天吃饭，这一时期，人类只要傍湖栖居或集蓄雨水等，便可满足对水的全部要求，所以水源安全，供水就安全。进入农业社会，随着生产方式由采集、狩猎过渡到以农耕为主，人类一半靠天吃饭，一半靠自身力量吃饭。这一时期，人类获得稳定、丰富粮食供应的期望转化为保障粮食生产用水的实践，灌溉渠系、堤堰塘坝等农业水利工程作为"物化"的人力畜力，成为较大规模耕作的重要前提条件，所以水源和农业用水安全，供水即安全。进入工业信息社会以来，人类对供水安全提出了更高的要求，供水不仅要满足生活需求、粮食需求，还要满足工业的需求以及人工生态环境的需求。作为应对措施，人类修建了大规模供水工程，净水、制水和废污水处理技术快速发展，输配水管网延伸到各个用户，同时为适应水资源格局开始调整用水方式。这一时期，供水安全表现为水源、供水工程、用水主体复合系统的安全。

人类能动性与经济社会脆弱性这一对矛盾的运动、变化和发展是供水安全演进的动力。人类对供水始终存在极强的依赖关系，即使是在科技高度发达的今天，也不会改变这一基本事实。作为人类与生俱来的本质特征，对水的依赖带来了有利和不利两方面因素。不利即经济社会的脆弱性，由于寿命明显延长、人口急剧增多，以及人类经济社会提供的产品和服务更加丰富和高级，对供水要求越来越高，供水破坏等事故的边际成本骤增，相对过去更显脆弱。有利即人类经济社会的能动性，生产力水平的提高使人类有能力通过开拓水源、修筑供水工程设施、压缩经济社会不合理用水来满足更苛刻的供水需求。人类经济社会能动性与脆弱性这一对矛盾的运动、变化和发展是供水安全演进的内在动力，供水不断趋向安全实际上就是能动性不断弥补脆弱性的结果。

2. 供水安全研究进展

以往对供水安全的研究主要针对为满足城镇居民生活、工业等用水需求而兴建的水厂、管网等工程本身的安全。冯一谦（2009 年）认为保障城市供水安全需要有足够的供水能力以及完善的处理工艺和事故应急预案与应急措施。葛华军等（2007 年）认为城市供水安全应充分保证城市居民生活用水、城市工业用水、城市生态用水和消防用水，同时必须满足用户对水量、水质和水压的要求，做到具备充足的水源、足够的取水与净水设施能力和合理的输配水管理，并力求在运行过程中做到安全、可靠、经济合理。

3. 供水安全的基本要求

"供水"是水利行业术语，指为满足经济社会合理用水需求所采取的一系列工程、技术、经济、法律等手段。"安全"一词在《现代汉语词典》（第 5 版）中的解释是：没有危险；不受威胁；不出事故。从汉语语法角度分析，"供水安全"是一个主谓短语，"供水"作为一个名词，充当主语，代表被陈述的部分，"安全"作为形容词，充当谓语，回答主语"怎么样"。由于安全与否最终取决于供水对象的评判，所以"供水安全"可认为是供水形势与供水问题等客观存在的主观反映，是一种"感知、认识、状态、问题"的混合现象。根据对国内相关研究的总结与思考，以用水主体需求为终极目标，提出供水安全应包括的四方面基本要求，即充足的水量、达标的水质、稳定的供应和可承受的价格。所谓"充足的水量"，指供水在数量上能满足特定范围用户的合理需求；所谓"达标的水质"，指供水在物理性质、化学性质及生物性质等方面达到既定标准；所谓"稳定的供应"，指供水在量质上不随时间发生较大波动，其微小变化在供水对象承受范围内；所谓"可承受的价格”，指供水价格符合用水主体的支付意愿。

4. 供水安全的定义

供水安全是指当前与未来国民经济与社会发展的合理用水需求，在水量、水质、稳定性、价格等四方面的满足程度，以及规避和消除威胁和风险的能力。而为了满足合理用水需求，无论是传统意义上的水厂、管网等供水工程，还是水源工程、水资源配置工程，或作用于用水主体的各类管理措施等，都应在保障供水安全考虑的范畴之列。

2.5.2 供水安全的影响因素

1. 供水系统的基本结构

供水安全之所以面临威胁，是由于供水系统内部各要素的影响。传统概念中，供水系统仅指水厂、管网等供水工程。随着供水安全问题的日益突出，对供水系统的认识也逐渐向水源和供水对象两端拓展，形成包括水源、供水工程、用水户的更大系统。

水源系统包括可供利用的当地地表水、地下水、跨区域调水及非常规水；人工供水工程系统包括取水、输水、净水和配水等水利工程，以及应急供水设施；用水系统包括城市生活用水，农村生活用水，第二、第三产业用水，农业用水，人工生态补水等五类用户及其用水子系统。

2. 基于供水系统结构的影响因子分析

基于上述供水系统的结构，供水安全的影响因子也可分为三大部分，即水源因子、供水工程因子和用户因子。其中水源影响因子包括两大类：第一类是水资源的自然禀赋，包括水资源量的多寡、时空分布状况、过境可利用水资源量、水土资源匹配程度、极端水文事件发生的频率和影响程度等；第二类是人为影响因子，包括水资源开发利用能力、水体污染程度、人为突发事件发生的风险和影响程度等。供水工程影响因子包括工程格局、工程能力、工程系统协调度、工程质量状况及工程运行管理水平等。用户影响因子包括人口规模、城乡结构、经济规模、产业结构、灌溉规模、种植结构、用水方式和技术水平、节水工艺和设备，以及公众意识和技能等等。

3. 供水安全问题的归因分析

供水安全是内外因共同作用的结果。这里所谓的内因和外因，是指水源、供水工程或用水主体与水资源的合理需求之间产生的矛盾。外因即水资源禀赋不安全；内因包括工程不安全、管理不安全、结构不安全、布局不安全、效率不安全、排放不安全等六个方面。

所谓“水资源禀赋不安全”，指由于水资源本底条件差、水源结构单一、过境水分配水量少、水资源时空分布不均等因素造成不安全现象。所谓“工程不安全”，指由于蓄引提调工程、制净水工艺、输配水管网或二次供水设施等没有跟上或能力下降造成的不安全。所谓“管理不安全”，指由于管理主体在供水调度、管水工程及设施管护等人为因素造成的不安全。所谓“结构不安全”，指由于产业用水结构明显与所在地水资源条件不匹配造成的不安全。所谓“布局不安全”，指产业布局和城市发展等缺乏对毗邻水资源环境的统筹考虑，造成在一些水资源短缺和生态环境脆弱地区盲目建设高耗水、重污染项目或超大规模城市群带来的不安全。所谓“效率不安全”，指由于产业用水效率低下造成水资源浪费带来的不安全。所谓“排放不安全”，指主要污染物入河湖总量超出水功能区纳污能力带来的不安全。

内因是供水安全问题存在的基础，是供水安全运动、变化、发展的源泉和动力，它规定着供水安全的基本趋势。外因是供水安全问题存在和发展的外部条件，起加速或延缓供水安全的作用。供水安全问题是外因与内因共同作用的结果，但由于外因对供水安全的作用来得快、来得明显，人们往往只重视外因的作用而忽视了内因。实际上，内因与外因同等重要。在现阶段，内因已成为左右我国供水安全态势的主要矛盾，应更加重视针对内因制定保障供水安全的对策，同时也不应忽视极端气候、突发事件等新型外因带来的新风险。

2.6 案 例

2.6.1 案例1 生活污水的生态治理

1. 项目概况

当前，我国农村普遍存在生活污水无序排放，生活垃圾随意丢弃的现象，加上畜禽养殖和大量使用化肥农药，造成水塘淤积、排水不畅、水体富营养化，农村水环境不断恶化。加紧开展农村水环境整治十分重要。2012 年 11 月，江西省新余市渝水区水务局根据江西省水利厅的安排，委托设计单位，编制完成了《南江水环境综合整治专项试点工程实施方案》，开始进行农村水环境整治试点工作。2013 年初，江西省水利厅、财政厅下达项目建设计划，项目总投资 235 万元，其中中央投资 67 万元、省级投资 40 万元，用于渝水区罗坊镇上坑口村和钱家村水环境综合整治工程建设。工程完成后，实际完成投资 205 万元（包含项目设计、监理等费用）。

渝水区罗坊镇是该项目实施单位，位于新余、宜春、吉安三市交界处，全镇 37 个村委会，约 8 万人，是新余市第一大镇。上坑口村和钱家村是农村水环境整治试点项目区，位于罗坊镇东北部，清宜公路南侧，袁河北岸，分别距罗坊镇集镇 2km 和 7km，属于袁惠渠灌区。上坑口村有 242 户，800 人；钱家村有 137 户，500 人。

2. 技术应用与工程设计

上坑口村水环境综合整治工程主要包括三个部分：

（1）居民生活污水收集处理系统。上坑口村居住人口为 800 人，设计时考虑到村庄的长远规划，按照 853 人计算。根据《江西省农村饮用水安全工程设计指南》，人均用水量以 120L/(人・d) 计，排水量按照 90%计算，该系统设计污水处理规模每天 95t，通过管道从居民家中化粪池收集污水到集水井沉淀，再进入调节池进行水量均衡，然后进入潜流式人工湿地，经过有机物降解之后，水质达标排放到出水井，最后进入生态沟渠。

（2）地表雨水与生活污水处理系统。该系统通过明沟收集村庄地表雨水和生活污水，包括少量的由散养畜禽产生的养殖废水。进入稳定塘，同时将干净的活水引入稳定塘对污水进行稀释和净化，最后将净化好的水排入生态沟渠。该村污水具有一般代表性，除具有一般农村生活污水所具有的水量少、浓度低、水量水质波动大等特点外，还具有以下特点：①污水中各指标含量不大，重金属及其他难以降解的有毒有害物质一般不超标；②污水中的有机物污染，五日生化需氧量和化学需氧量均达到了水质排放标准，主要污染物指标为氨氮、总磷、总氮；③该系统的核心工程是稳定塘工程及其水生植物种植。上坑口村稳定塘面积 2800m^2，平均水深约 1.1m，正常水体体积 2200m^3，雨污水收集面积 1.73 万 m^2，处理流程如图 2.5 所示。

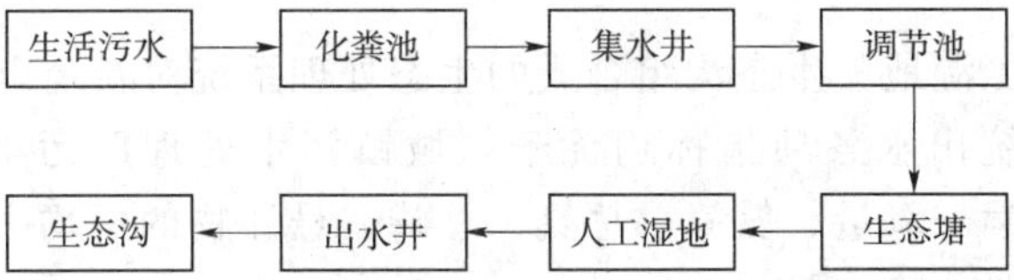

图 2.5　罗坊镇上坑口村农村生活污水处理流程

（3）生态沟渠排涝系统。生态沟渠是整个村庄污水、雨水通过稳定塘、人工湿地净化处理后的排出通道。生态沟渠的作用是对进入沟渠的水进行二次植物吸收净化处理，最后排出村庄，进入河流。

3. 工艺参数

（1）生态塘［图 2.6（a）］。将原有水塘清淤后改造成生态塘，塘深 1～2.6m，保护高度 0.5m，水塘面积 2880m^2，水力停留时间为 15 小时，同时定期引入活水，保持水生态塘水系畅通。

环塘正常蓄水位以下采用生态袋护坡，在正常蓄水位以上采用草皮护坡；环塘每隔 5m 种植本地植物垂柳，两棵垂柳之间种植一棵矮灌木丛；塘体岸边设置两处亲水平台，沿岸种植挺水植物群丛 10 处，每处种植面积 5～10m^2，水生植物搭配选择梭鱼草、黄菖蒲、水生美人蕉。塘体中种植一定数量的伊乐藻、狐尾藻、金鱼藻以及睡莲。

（2）人工湿地［图 2.6（b）］。人工湿地主要有填料层和水生植物组成，利用基质的吸附作用、微生物代谢活动及水生植物的综合生态系统净化污水，与表面流人工湿地相比，水平潜流式人工湿地的水力负荷和污染负荷对氮磷等污染指标的去除效果好，且很少有恶臭和滋生蚊蝇等现象。

该工程人工湿地由两个并联的水平潜流人工湿地组成，总面积为 364m^2，池体采用砖混结构实体，池底和四壁采用混凝土浇筑做防渗漏处理。

(a) 生态塘　　(b) 人工湿地

图 2.6　罗坊镇上坑口村生活污水处理工程照片

(3) 生态沟。将原有的排水沟渠改成生态沟，清除沟渠底部及两岸坡的淤泥、杂草、杂物，断面形式大致为梯形断面。沟渠岸坡采用生态袋和草皮两种形式进行生态护坡，同时在沟渠内沿线种植再力花、风车草等一些具有观赏价值及净化水质作用的水生植物。

4. 工程效果

采用生态塘—人工湿地—生态沟组合成的生态处理系统对新余市上坑口农村生活污水的处理效果良好，系统出水各项指标均优于《城镇污水处理厂污染物排放标准》（GB 18918—2002），对化学需氧量、氨氮、总氨、总磷、悬浮物的平均去除率分别为58.3%、87.4%、75.6%、82%、82.6%。

村庄地表水、雨污水得到了稀释和植物吸收净化处理。通过从袁惠区北干渠引入清洁水源，对稳定塘中收集的地表雨污水进行稀释以及塘内水上、水面、水下植物吸收处理后，从稳定塘排入生态区的水也完全达标。

通过新余市渝水区罗坊镇上坑口村和钱家村水环境综合整治工程，可以发现，农村生活污水治理既要达到对环境整治的目的，也要考虑生态景观的问题。农村生活污水处理工艺的选择应该灵活变通，不能拘泥于一种或几种模式，关键要根据村镇的人口、地形地貌、地质特点、气候、排放要求和经济水平等，通过技术经济分析和比较，选择集中或分散处理方式，因地制宜地选择简单、经济、有效的处理技术。

2.6.2　案例2　农业面源污染的生态治理

面源污染即非点源污染，是相对于排污点集中、排污途径明确的点源污染而言的。在农业生产过程中，由于农药、化肥等农用物资的不合理使用，在降水或灌溉过程中，污染物通过农田地表径流、农田排水和地下渗透进入附近水体，会引起水体的污染，由此导致的农业面源污染问题日益突出。农业面源污染正在成为水体污染、湖泊富营养化的主要原因，已严重影响水源地的水质。

据资料统计，江西省农业污染源主要是畜禽养殖业，其次是种植业。鉴于江西省农业面源污染现状，产污单元主要包括畜禽养殖、种植业、水产养殖和农村生活污水等。

目前，国内外已开展了许多关于农村面源污染控制技术的研究和相关工程建设，现在针对农村面源污染主要采取4R技术，即源头减量（reduce）、过程阻断（retain）、循环利用（reuse）和生态修复（restore）技术，提出了农村面源污染治理的总体思路、相关技术集成与工程化应用框架。

源头减量技术即通过农村生产生活方式的改变来实现面源污染产生量的最小化。主要措施包括减少化肥用量、新型缓控释肥或新的按需施肥技术、提高肥料利用率，减少化肥用量；也可通过种植制度等的调整，如改稻麦轮作为稻—绿肥轮作、稻—蚕豆轮作或稻—休闲等，以减少化肥投入量；也可通过施用肥料增效剂、土壤改良剂等增加土壤对养分的固持，从源头上减少养分流失。针对陆域水产养殖，可采用优化投饵方式，并循环用水，实现养殖废水的循环利用，达到污染物的零排放或最小排放。针对村镇地表径流，通过增加地面的透水性能，如设置生态吸水路面等，减少地表径流的源头发生量。

过程阻断技术指在污染物向水体的迁移过程中，通过一些物理、生物以及工程的方法等对污染物进行拦截阻断和强化净化，延长其在陆域的停留时间，最大化减少其进入水体的污染物量。目前常用的技术有两大类：一是农田内部的拦截，如稻田生态田埂技术、生物篱技术、生态拦截缓冲带技术、设施菜地增设填闲作物技术、桃园生草技术；另一大类是污染物离开农田后的拦截阻断技术，包括生态拦截沟渠技术、人工湿地塘技术、生态丁型潜坝技术、生态护岸边坡技术、土地处理系统等。

循环利用技术即将污染物中包含的氮磷等养分资源进行循环利用，达到节约资源、减少污染、增加经济效益的目的。如低污染水的稻田净化技术，水产养殖污水序批式置换循环再利用技术，畜禽粪便可采用肥料化、沼气化技术等。

生态修复是农村面源污染治理的最后一环，也是农村面源污染控制的最后一道屏障。目前常用的技术有河岸带滨水湿地恢复技术、生态浮床技术、水产养殖污水的沉水植物和生态浮床组合净化技术。

1. 项目概况

示范区位于太湖流域直湖港下游的龙延村村域（31°31′N，120°06′E），面积约 2.0km²。该地区属于典型的亚热带季风气候，年降水量为 1048mm，主要集中在夏季 6 月、7 月、8 月。示范区土地利用类型主要有稻田、设施菜地以及水蜜桃园。农田面积为 84.7hm²，其中稻田面积约 77.3hm²，水蜜桃园约 2.5hm²，设施蔬菜约 4.9hm²。稻田主要是稻麦轮作，年施氮量 450～510kg N/hm²。设施菜地主要种植番茄、莴苣、芹菜等，每年种植蔬菜 3 季，年施氮量 1000～1500kg/hm²。水蜜桃园年施氮量高达 1200～1400kg/hm²。过量施肥导致大量的氮随径流流失到周围水体中。

根据该区域农田污染排放监测数据，估算出该区域每年农田总氮排放量约 5.9 t。示范区覆盖了后沙滩村，共有 75 户人家计 210 人，生活污水未经任何处理直接排放入周边的支浜朱家浜和后沙滩浜。据 2008 年调查数据，生活污水中总氮、氨氮和总磷的浓度分别为 26.3～58.2mg/L、16.4～35.6mg/L 和 1.82～3.74mg/L，该村生活污水年排放量约 5500t，总氮排放量约 0.242t，氨氮约 0.15t，总磷约 0.016t 示范区覆盖池塘养殖水面近 13.3hm²，分布在龙延河北侧，主要养殖鱼类、河蟹和甲鱼，其中鱼类占 83%，河蟹占 12%，甲鱼占 5%左右。据监测，各养殖池塘氮、磷污染较严重，总氮为 2.0～7.8mg/L，总磷为 0.2～1.9mg/L。污染物主要来源于过量投放饲料和饵料。

根据对各养殖池塘的水质监测数据和整年的排水量分析，得出示范区养殖池塘在传统养殖模式下的总氮排污通量分别为 378 kg/(hm²·a)（鱼塘）、486kg/(hm²·a)（鱼苗塘）、209kg/(hm²·a)（蟹塘）、121kg/(hm²·a)（蟹苗塘）和 101kg/(hm²·a)（甲鱼塘）。示范区内的河道主要有直湖港的主干支流龙延河（龙延村段，1400m）以及 5 条次级支浜：下场浜（990m）、淀溪环浜（700m）、朱家浜（550m）、后沙滩浜（200m）和王店桥浜（1350m），河道总面积（含直湖港龙延村段）约 27.1hm²。陆域产生的面源污染物汇入附近支浜，然后通过龙延河、直湖港最终汇入太湖。2009—2010 年水质监测表明，河道水质长期处于劣Ⅴ类。

2. 技术应用与工程设计

根据示范区的地形水系特征以及农业生产现状，通过污染源的解析，在区域联控策略

的指导下，进行了示范区面源污染控制的系统设计及4R技术体系的综合应用，并充分考虑各个技术的衔接以及示范工程的空间互联，确保污染物削减和水质改善的整体目标的实现。示范区工程化应用的4R技术及其内容如下。

（1）源头减量技术。主要涉及农田及村庄生活污水两部分。稻田主要采用有机无机配施技术、新型缓控释肥技术和轮作制度调整技术（稻麦轮作改为稻—紫云英轮作或冬季休耕），设施菜地主要采用基于氮肥—产量报酬曲线的化肥减量技术，水蜜桃园主要采用了桃园专用缓控释肥深施技术。生活污水采用了塔式蚯蚓生物滤池处理技术。

（2）过程阻断与拦截技术。针对农田径流和排水，将原有的土质和三面光水泥沟渠改造为生态拦截沟渠，对径流中的氮磷污染物进行拦截。此外，设施菜地在夏季揭棚期种植填闲作物来阻断养分的下渗和径流，在桃园树下种植三叶草来减缓径流速度和沉降径流中的颗粒物。同时，将龙延河青云桥旁边一处废弃鱼塘改造成兼氧—好氧湿地塘，有效拦截净化龙延河北侧农田径流排水，在无径流排放期间，净化龙延河富营养化河水。为了有效拦截消除生活污水等对朱家浜水质的影响，在朱家浜设计应用了生态丁型潜坝技术。

（3）养分的循环利用技术。对于设施菜地及桃园的径流排水，经生态拦截沟渠初步拦截净化后，引入周围的稻田，使排水中的氮磷养分进一步被稻田所吸收利用。并在稻田排水末端设置无肥拦截带和小型湿地，对稻田排水中的养分进行拦截再利用。针对生活污水处理后的尾水及部分低污染河水，专门设计建设了800m^2的稻田人工湿地，使这部分污水中的氮磷得以循环利用。针对陆域水产养殖的污染排放，利用鱼蟹养殖对水资源需求与排放不同期的特点，利用沉水植物—浮叶植物将蟹塘设计成高效人工湿地，对其他池塘养殖的污水进行异位湿地处理，综合调控与合理利用水资源，实现水产养殖水资源的循环利用以及污染物的减排。

（4）河道水质的生态修复技术。在对陆域污染物进行拦截和养分循环利用的基础上，针对河道水体，因地制宜地采用了置入式生态滤床技术、组合式生态浮床技术、底泥污染控释技术、河滩湿地恢复技术及岸带植被恢复技术等，进一步对河道水体进行净化和生态修复。

示范工程于2010年4月开始运行，运行一年后进行了阶段性效果评估。在示范工程运行期间，只要有降雨排水，就对农田取样监测每个技术环节的水质指标；河道水质则每半月监测一次。

3. 工程运行效果

（1）源头减量化效果。示范工程运行后的监测数据表明，稻季各种技术可减少化肥氮用量60～117kg/hm^2，减施比例为22%～43%，减少径流总氮排放量1.4～4.94kg/hm^2，减排比例为8.8%～31%，水稻产量为农户对照的95%～107%，总产量与对照无显著差异。麦季种植紫云英或休耕，不施肥，牺牲了一季小麦产量，可减少总氮排放15～16kg/hm^2，氮的减排率分别为50%和53%。麦季其他化肥减量技术的化肥氮减施量在60～80kg/hm^2，减施比例为25%～33%，总氮减排量为7.77～11.92kg/hm^2，减排率为26%～39%，但产量比农户对照略有下降，减产4%～11%。菜地采用化肥减量技术后，氮肥用量可比常规农户减少40%，总氮排放量减少42%～52.3%，产量增加15.1%～39%，具有良好的生态和经济效益。水蜜桃园采用专用缓控释肥深施技术后，氮肥用量比农户对照减少了

201.75kg/hm^2，占27.3%，总氮排放量减少了28.67kg/hm^2，减排率30.6%，总磷排放量减少3.14kg/hm^2，减排44.4%，水蜜桃增产11.9%，增效1.2万元/hm^2。

生活污水经过塔式蚯蚓生物滤池处理后，排放标准可达一级B以上。排水标准按照一级B来计算，单个生活污水处理工程（处理户数75户，210人）每年可减少总氮排放64.19kg，氨氮排放65.29 kg，总磷排放5.99kg，污染减排率分别为26.5%、59.1%和52.1%。

(2) 过程阻断与拦截效果。生态拦截沟渠的监测数据（2010年6—11月）表明，菜地生态沟渠进水浓度为3.3～39.2mg/L，出水浓度为0.3～14.7mg/L，稻田生态沟渠进水浓度为2.14～8.86mg/L，出水浓度为1.36～4.63mg/L。生态沟渠对菜地、稻田径流排水中总氮的平均拦截率分别为57.3%和37.4%。桃园的径流排水经汇流收集后首先进入稻田人工湿地，然后经生态拦截沟渠排入生态水塘。工程运行后一场大雨时的监测数据表明，桃园径流总氮浓度由桃园出水口的44.71mg/L降低到入生态水塘前的15.3mg/L，湿地与生态拦截沟渠对总氮的拦截率为65.8%。

(3) 养分资源再利用效果。示范区内菜地径流通过生态沟渠拦截净化后，汇流入径流收集池，然后通过泵站提升回灌稻田，对其养分进行再利用。结果表明，菜地排水经稻田循环再利用后，排水浓度进一步降低，总氮由原来的平均6.74mg/L降低到3.08mg/L。稻田排水经生态沟渠拦截净化后进一步汇入稻田的无肥拦截带和小型湿地中。监测数据表明，无肥拦截带对总氮的拦截率平均为46.6%，出水浓度在0.81～2.41mg/L，平均为1.33mg/L。稻田湿地的低污染水净化工程运行效果表明，稻田湿地在水稻旺盛生长期可日处理中低污染水160～200m^3/hm^2，对污水中氮、磷的去除率可达75%～81%和82%～96%，整个稻季可吸收利用环境中总氮96～103kg/hm^2，总磷8.1kg/hm^2。经过稻田湿地的净化，排水浓度基本稳定在2mg/L以下。水稻仅在前期施氮肥120kg/hm^2，即可获得与农户正常施肥时的产量（7.9t/hm^2），从而实现了生产与环境的双赢。陆域水产养殖污染控制示范工程的监测数据表明，鱼塘养殖污水经蟹塘异湿地处理后水质得到改善[水力停留时间为20d，水力负荷为0.05～0.06 m^3/(m^2 · d)]，设施菜地的氮肥减量效果水质总体达到国家地表水Ⅲ类标准，总氮由3.14mg/L下降到1.16mg/L，削减率为65%，对总磷、氨氮、高锰酸盐指数和叶绿素的削减率分别为75%、55%、58%和60%。

(4) 水体（环境）生态修复效果。朱家浜、后沙滩浜、淀溪环浜及下场浜为全河道修复，效果较为明显，四条河道修复后水质可达Ⅳ～Ⅴ类水标准，尤其是朱家浜，氨氮的去除率高达79.2%，高锰酸盐指数的去除率为55.1%，水体透明度提高了35 cm。王店桥浜仅在河道中段采用水稻浮床进行了修复，氨氮、高锰酸盐指数浓度略有下降，透明度提高了30cm，对总磷没有效果，水质改善效果略差，但修复区域内外水质差异较大。龙延河由于其为直湖港主干支流，并且属于通航河道，修复区域仅位于龙延村段，因此水质改善效果相对有限，氨氮和高锰酸盐指数下降了25%左右，总磷和透明度无改观。朱家浜修复前后浮游植物的调查结果表明，修复后浮游植物生物量一直处于较低水平，平均为6.0mg/L以下，生态修复有效抑制了水体内藻类的过度增殖。

面源污染已经成为江西省农村最大的污染源，实施面源污染治理的4R技术，从而达到全类型、全过程、全流域的控制。4R技术是江西省农村饮用水水源地保护的一个发展方向。

2.6.3 案例3 畜禽养殖污染的生态治理

江西省畜禽养殖业发展迅速。据相关资料显示，2012年江西省生猪出栏量为4276.85万头，并且这一数量一直在增加。2011年江西全省畜禽粪便产生的化学需氧量、五日生化需氧量、氨氮、总磷和总氮分别为208.98万t、183.47万t、17.79万t、14.20万t和44.22万t。规模化畜禽养殖业的发展导致畜禽粪便污染已相当严重，并产生大量畜禽废水，带来一系列的环境污染问题，且污染相对集中，处理困难。畜禽养殖废水的直接排放不仅会污染地表水体，引起水体富营养化，还会对地下水和农田生态系统造成破坏，甚至危害人体健康。

畜禽养殖废水主要特点：①化学需氧量、悬浮物、氨氮含量高；②可生化性好，沉淀性能好；③水质水量变化大；④含有致病菌并有恶臭。

为控制畜禽养殖废水直接外排对环境的破坏，目前畜禽养殖废水的处理技术可分为物化处理技术和生物处理技术两大类。物理处理技术主要包含有生态隔离法、人工浮岛技术、人工湿地技术等。生物处理技术是目前处理畜禽养殖废水的常用技术，包括厌氧处理法、好氧处理法和厌氧—好氧联合处理法等。

1. 项目概况

下镇镇位于江西省玉山县东南部，距县城25km，地理位置位于118°19′25″E～118°25′40″E，28°36′15″N～28°13′10″N之间，东邻浙江省江山市、南接仙岩镇，西毗六都乡，北壤岩瑞镇，是玉山县的农业重镇，总面积82km^2，地势东南高西北低。下镇水厂取水水源为毛宅水库，玉山县毛宅水库位于信江与玉山水支流唱溪的上游，坐落在下镇毛宅村，距玉山县城22km，水库集雨面积10.50km^2，正常库容1002.4万m^3，总库容1116.53万m^3，是一座以灌溉为主、兼有防洪养殖等综合效益的重点小（1）型水库。由于水源地上游以前存在一座大型养猪场，对水库污染严重，下镇有13个村委会125个自然村，总户数14587户，人口45397人，其中农业人口44551人，耕地面积28650亩，其中水田面积24357亩。

2. 技术应用与工程设计

（1）生态隔离带技术措施。将养猪场旁周边岸坡建设成约700m的生态隔离带，隔离带由不同湿地植物种类搭配布置而成。湿地植物布置以毛宅水库正常水位为参考标准，在正常水位以上，岸坡从坡顶向下依次种植西伯利亚鸢尾、美人蕉，宽度3m；在正常蓄水位下，从岸坡坡顶向下依次种植芦苇，宽约3m。

（2）生态浮岛技术。在毛宅水库取水口附近水面建造一座面积为100m^{2}的人工浮岛，浮岛内种植西伯利亚鸢尾和水浮莲。

3. 工程效果

采用生态隔离与生态浮岛技术对毛宅水库污染水源进行处理，水库水的色度、化学需氧量等指标处理效果显著，不再有异味散发出来，达到了净化水体与美化周围环境的良好工程效果。

畜禽养殖业为微利行业，对其处理应优先选择投入成本最低的技术方法，而畜禽废水又含有丰富的氮磷元素，是植物生长所必需的营养。采用生态工程技术措施处理养殖废水，既能美化环境，也能达到处理废水的目的。同时江西省目前多数养殖场都采用水冲式的清粪工艺，大量的冲洗水是养殖场的一大能源费用，如果能将处理后达到一定排放或使用标准的废水作为冲洗水回用，不仅可以大大节省水资源，而且降低了养殖场的运行成本。

第3章 水 生 态

3.1 概　　述

水生态系统是水生生物群落与水环境相互作用、相互制约，通过物质循环和能量流动，共同构成具有一定结构和功能的动态平衡系统。水生态系统可分为淡水生态系统和海水生态系统。按照现代生物学概念，每个池塘、湖泊、水库、河流等都是一个水生态系统，均由生物群落与非生物环境两部分组成。生物群落依其生态功能分为：生产者（浮游植物、水生高等植物），消费者（浮游动物、底栖动物、鱼类）和分解者（细菌、真菌）。非生物环境包括阳光、大气、无机物（碳、氮、磷、水等）和有机物（蛋白质、碳水化合物、脂类、腐殖质等），为生物提供能量、营养物质和生活空间。水生态系统保证系统内的物质循环和能量流动，以及通过信息反馈，维持系统相对稳定与发展，并参与生物圈的物质循环。水生态系统对外来的作用力有一定承受能力，如作用力过大，则会失去平衡，系统即遭到破坏。

水生态系统修复是通过一系列保护措施，最大限度减缓水生态系统的退化，将已退化的水生态系统恢复或修复到可以接受的、能长期自我维持的、稳定的状态水平。

水生态环境修复是利用生态系统原理，按照自然界的自身规律使水体恢复自我修复功能，采取各种工程、生物和生态措施修复受损水体，提高水体质量，修复生态系统结构，强化水体环境的自净能力，重建健康的水体环境，实现水生态环境整体协调、自我维持和自我演替的良性循环。

本章先介绍河道生态整治、水库生态整治、生态清洁型小流域综合治理等水系生态整治措施，再从河流修复技术、湖泊修复技术、湿地修复技术、地下水修复技术四个方面介绍最新的水生态环境修复技术，并提供部分水生态环境修复实例，供学习参考。

3.2 水系生态整治措施

3.2.1 河道生态整治

（1）河道平面整治。对于郊区河流和目前尚未整治开发的自然河道，尽量保持其天然蜿蜒的形态，因势利导地保护河流两岸。对已经直线化的人工河道，依照自然规律，利用生态工程技术适度恢复部分自然岸线与河床，形成蜿蜒曲折的自然线形，丰富水流形态，为水生植物创造丰富的水环境。

（2）河道断面整治。河道断面处理的关键是，既要设计一个能够常年保证有水的河道及能够应付不同水位、不同水量的河床，还要提供理想的开敞空间环境，具有较好的亲水性，适于休闲游憩。若区域内季节性河流较多，平时河道水量较小，洪水来时又有较大的过流量，生境单一，景观很差，丧失了河道的生态多样性。则河道横断面宜采用复式断面，复式断面可以因地而异，不必强调对称。枯水期时，流量小，水流归主槽，能够为鱼类提供基本生存条件；洪水期时，流量增大，洪水可以漫滩，允许高潮位或高水位和小洪水淹没某些岸边设施，过水断面变大，洪水水位较低，可不必建高大的防洪堤。漫滩地具有较好的亲水性，适于休闲游憩，是城市中理想的开敞空间环境。次槽尽量采用缓坡，可以在保证土壤倾斜角的同时，方便护岸工程的施工，具有很好的亲水性和开敞性。

（3）河道岸坡整治。基于对生态系统的认知和保证生物多样性的延续，以生态为基础、安全为导向，对河道岸坡实施生态护坡，尽量减少对河道自然环境的损坏。采取的生态护坡主要包括自然原型护坡、自然型护坡和人工自然型护坡三种类型。

（4）城镇中心河道。城镇中心河道指流经主城区、工业核心区及乡镇中心所在地等城镇人口聚集区的河道。这些河道两岸人口密集，工业集中，防洪压力大，因此城镇中心河道对堤防的安全性要求非常高。需要在保持河底脚、岸坡安全稳定的前提下，进一步考虑生态环境要求，重点河岸要考虑生态环境景观效果。城镇中心河道承担着社会公共空间的载体功能，更多地表现为集游憩、休闲、娱乐、健身、文化等于一体的多功能复合的空间，不仅让人参观游览，而且可以供人使用，表现出亲和、共享的特性。因此在断面、岸坡以及景观形式选择上，需要注重开放性、亲和性和可达性。城镇中心河道又可分为未硬化河道和硬化河道两种类型。

1）未硬化河道。未硬化河道适合选择人工自然型护坡，根据需要堤岸采用硬质材料，形式简单，但通过景观的手法进行柔化处理，如设置小品、竖向设计及植被绿化等，使得堤岸更倾向于自然生态。

2）硬化河道。对于硬化河道，在城市的防洪、除涝、引水等方面已经发挥了巨大的作用，拆除会对两岸人民生活和经济活动产生较大影响，而且资金投入较大。可以用植被掩盖硬化岸坡，即在传统浆砌石、混凝土硬化的岸坡表面覆土植生，一方面能起到截留陆域面源污染的作用，另一方面也能改善水岸生态系统和岸边景观。随着护岸的硬化材料老化，对硬化材料逐步拆除，选择稳定抗冲、生态友好的人工自然型护坡，同时对河道岸线、断面进行综合整治，形成生态河道。

（5）城郊河道。城郊河道是指位于城市近郊地区的河道。这一类河流多为饮用水功能区，是连接水库、饮用水水源地与城市核心的重要纽带，河道周边的经济开发较少，水质保护尤为重要。此类河道整治应尽量恢复河道天然状态，宜选择自然型护坡。另外，城镇中心的非主要行洪河道，也可以采取这种护坡形式，为城市增加更为天然、原生、丰富的水景观、水文化。

（6）山区河道。山区河道一般位于城市的远郊，是山野地带的河道。此类河道周边人口稀疏，多为种植用地，河道自然形态保存良好，宜采用自然原型护坡。通过面层种植植被或铺设细沙、卵石，形成草坡、沙滩或卵石滩保护堤岸。如选择柳树、水杉、芦苇、菖蒲等适于滨水地带生长的植被种植在堤岸上，利用植物的根、茎、叶来固堤，可保持自然堤岸特性。

对于乡村田间河道，除个别冲刷严重河岸需筑堤护坡外，应尽量维持原有的自然面貌，保持天然状态下的岸滩、江心洲、岸线等自然形态，维持河道两岸的行洪滩地，保留原有的湿地生态环境，减少由于工程对自然面貌和生态环境的破坏。

3.2.2 水库生态整治

水库生态治理的方式与其水功能要求密切相关。根据水库的水功能区定位，将水库分为三类，分别是饮用水水源型水库、景观休闲型水库、农用型水库。

(1) 饮用水水源型水库。水功能区为饮用水水源区的水库。此类水库治理措施以水源涵养、生态保护为主。主要供水水源，杜绝污水入库，不建议开发。其他此类小型水库结合小流域进行生态治理，限制周边库区的开发。对上游来水水质较差的水库，依地形、地势适当布置潜流型湿地对来水进行截留、净化，保证入库水质；对景观略有要求的水库，可少量设置观景、垂钓的配套设施，适当突出种植季相特色。

(2) 景观休闲型水库。水功能区为景观娱乐用水区的水库。此类水库治理目标以生态修复、休闲娱乐为主，工程措施和生物措施并重，周边中度开发，库区内设置观光栈道、观景平台、特色林荫道、小型水上乐园、库区庄园等。此类水库根据所处规划区不同，在功能定位、景观处理和配套设施建设上略有不同。

位于城镇附近的水库，具有城市属性，应满足周边城市人群快捷、便利、闲适的度假需求，按照休闲观光型小流域进行治理，可以适度开发商业地产、高端别墅、度假产品等。

位于工业区附近的水库，以简单、大气、现代为基调，体现工业文明与生态文明的完美结合，按照工业绿地型小流域进行治理。

位于旅游景点附近的水库，应满足游客深度旅游体验的需求，设置休闲、娱乐、体验型配套设施，结合所处旅游区特色，建设具有本地文化韵味和历史风格的景观小品。

(3) 农用型水库。水功能区为农业用水区的水库。此类水库治理措施以生态修复为主，工程措施和生物措施并重，按照生态农业型小流域进行治理。景观方面结合现状形成湿地公园，远离水库可轻度开发农业观光，设置满足观景、度假需要的生态采摘园、度假村等，总体上轻度开发。需要特别注意库区周围农业面源污染的截留和处理，度假区应适当远离中心库区，污水就地处理，实现库区内污水零排放。

3.2.3 生态清洁型小流域综合治理

1. *治理思路*

小流域综合治理严格执行以水源保护为中心，山、水、农、林、路、村统筹考虑，污水、垃圾、厕所、环境、河道“五同步”治理的原则。拦、蓄、灌、节、排等工程措施相结合，各项措施遵循自然规律和生态法则，并与当地景观相协调，按照“统一规划、分步实施、稳步推进”的原则进行分区建设。根据小流域自然地理概况、社会经济发展条件、水土流失及防治状况等实施小流域不同治理模式，基本实现资源的合理利用和优化配置、人与自然的和谐共处、经济社会的可持续发展和生态环境的良性循环。按照先水源区、人口密集区后一般区，先易后难的原则，稳步推进生态清洁小流域建设。

小流域生态区的划分是按照“保护水源、改善环境、防治灾害、促进发展”的总体要求，以“景观格局相似性、水土流失相似性、治理措施相似性、土地利用方式相似性和生态功能相似性”为原则，将小流域作为一个“环境—经济—社会”的复合生态系统。小流域生态区的划分标准，见表 3.1。

表 3.1　　小流域生态区的划分标准

项　目	生态修复区	生态治理区	生态保护区
地貌部位	坡上、山顶	滩地、坡中、坡下	河（沟）道、滩地
土地利用现状	林地、草地	耕地、建设用地	水域、未利用地、草地
坡度	＞25°	≤25°	≤8°
植被覆盖度	＞30%	≤10%	≤30%

生态修复区位于流域山顶或坡上部，坡度一般大于 25°，是人口相对稀少，人类活动较少，不利于农业耕作，没有开发建设及大规模的农业生产活动等人为干扰的区域，其修复措施主要包括禁封、护栏和疏林补植等。

生态治理区位于坡中、坡下和坡脚地区，坡度不大于 25°；是村镇建设区、农业生产区、风景旅游区等人类活动频繁区域；这一区域水土流失、农业面源污染、生产生活污水、垃圾污染较集中，废弃矿山等开发建设废弃地以及大面积裸露荒坡多。宜以坡面整治、沟道治理、护林护草、生态护坡、蓄排水利工程、生态农业、环境美化、污水处理和垃圾处理等措施为主。

生态保护区位于流域下游沟道、河（湖）道两侧以及湖库周边地带，一般为河川地、河滩地等滨水区域，主要包括河道治理、河（库）滨带治理等措施。

2. *治理措施*

针对小流域内水土流失状况、水环境状况、水土资源开发利用以及人类活动等不同特点，以保护水源为中心，按照“因地制宜、因害设防”的原则，“分区布局、分区治理”的思路，在小流域不同功能区布置不同的预防保护和治理措施，形成立体和水平纵横交错的工程网络和措施体系。具体工程措施包括：禁封措施、护栏工程、疏林补植、坡面整治、沟道治理、护林护草、土地整治、挡土墙、生态护坡（岸）、排洪工程、蓄水工程、生态农业、节水灌溉、环境美化、垃圾管理、污水处理、农路建设、防护坝、河（库）滨带治理、河道治理、雨水利用、节点景观等 22 项。

（1）禁封措施。为保护山区林草地，防止人为放牧、砍伐等破坏活动，在小流域内坡面坡度大于 25°或土层厚度小于 25cm 的地块，宜进行封禁治理，并设置封禁标牌。标牌以提醒为主，明确封禁范围、封禁管理规定或管护公约等，每个封禁区域应至少设置封禁标牌 1 处。封禁标牌的形状、规格与材料应与当地景观相协调，宜就地选材，采用天然石或木材制作。工程实施内容结合“重点水库型饮用水水源地保护工程”建设。

（2）护栏工程。护栏措施的主要目的是防止牛羊进入生态修复区，保护山区林草地。在封禁治理区内林草破坏严重、植被状况较差、恢复比较困难的区域出入路口应设置护栏、围网等拦护设施；在塘坝、水池、污水处理设施等周围，也可根据实际情况，设立拦护设施。拦护设施高度一般为 1～2m，应与当地景观协调一致，一般可选用植物绿篱、木

桩围栏、木桩刺铁丝围栏和混凝土桩刺铁围栏等。

（3）疏林补植。对植物群落盖度（郁闭度）小于0.5的疏林地采用点植补密，结合小型水利工程，充分利用当地雨水资源增加植物的成活率。树种宜选择抗逆性好、耐干旱、抗病虫害、生长迅速、适宜在土石生长、覆盖土壤能力强、根系发达，且具有一定经济价值的乡土树种，同时宜营造针阔、乔灌混交林。

（4）坡面整治。对于坡度25°以上土层较薄、植被稀少、树木不易生长的坡面，采取穴状、鱼鳞坑整地，拦蓄坡面径流，营造水土保持林；对于15°～25°的坡面，修水平阶、反坡梯田，采取地随树走的办法，保证树根部土层加厚，增加土壤的保水保肥能力，并根据市场需求营造各种经济林；对于15°以下的坡面，宜整修水平梯田，发展粮食作物生产、田间配套林网和灌排系统，地形较为破碎的宜砌筑树盘。

（5）沟道治理。沟道治理工程的作用在于防止沟头前进、沟床下切、沟岸扩张，减缓沟床纵坡、调节山洪洪峰流量，减少山洪或泥石流的固体物质含量，使山洪安全地排泄，对沟口冲积堆不造成灾害。山沟治理的措施包括：防治沟头下切的谷坊工程；以拦蓄调节泥沙为主要目的的各种拦沙坝；以拦泥淤地、建设基本农田为目的淤地坝等。

（6）护林护草。水土保持林是以调节地表径流、涵养水源、防止土壤侵蚀，改善生态条件和农业生产条件为目的的防护林，根据用途不同，水土保持林可分为经济林和生态林。小流域内土层厚度大于25cm、坡度小于25°的坡地以及沟（河）道两岸、湖泊水库四周、渠道沿线宜营造水土保持林；在土层厚度大于30cm、坡度小于15°的退耕地及荒坡地宜营造经济林。树种的选择应符合适地适树、优质高产和多样长效的原则，因地制宜配置不同树种。树种宜选择抗逆性好、耐干旱、抗病虫害、生长迅速、能及早郁闭、树冠浓密、落叶丰富、覆盖土壤能力强、根系发达，且具有一定经济价值的乡土树种，同时宜营造针阔、乔灌混交林。经济林的造林密度宜为800～1500株/hm^2，生态林宜为1000～2000株/hm^2。营造水土保持林还应采取集水整地措施，以保持水土，促进树木正常生长。整地工程防御标准按10～20年一遇3～6h最大雨量设计。根据立地条件和林种的不同，小流域常采取鱼鳞坑或水平阶等整地措施。

水土保持护草具有增加植被，涵养水源，减轻水土流失，改善生态环境的作用，并且能缓解农村饲料、肥料、燃料的缺乏问题，取得生态效益和经济效益的双丰收。在小流域内的退耕地、撂荒地、沟头、沟边、沟坡、梯田田坎、废弃地及村头空地等宜种植水土保持护草。草种宜选择抗逆性强、保土性好、生长迅速、具有一定经济价值的乡土草种，同时宜采用无灌溉或少灌溉的草种，以节约水资源。水土保持种草方式主要分为直播和混播。直播又分条播和穴播，条播适用于地面比较完整，坡度在25°以下的地块；穴播适用于地面比较破碎的地块，坡高线人工开穴，行距与穴距大致相等，上下相邻两行穴位呈“品”字形排列。混播是直播的特殊形式，在直播的几种方式中采用两种以上的草类进行混播，以加速覆盖，增强保持水土的作用，并促进草类生长，提高质量。

（7）土地整治。土地整治的目的是改良土壤、减少水土流失，实现环境清洁，主要针对已废弃的开发建设用地和砂石坑。土地整治的原则是最少扰动原有地貌，将土地平整与绿化种植相结合，即利用原有地形营造自然、起伏的微地形；同时清除地表难以利用的废弃垃圾，将较好的表土堆放在具有良好水土保持措施的地方，待土地平整，再覆一定厚度

的土，栽植乔灌木进行绿化美化。

（8）挡土墙。挡土墙是指支承路基填土或山坡土体、防止填土或土体变形失稳的构造物。在小流域内风化、碎石崩落、坍塌严重的坡脚以及取土场、弃土场的边坡，应修建挡土墙。按挡土墙的位置可分为路肩墙、路堤墙、路堑墙等类型，按挡土墙的结构特点可分为重力式挡土墙、锚定板式挡土墙、锚杆挡土墙、钢筋混凝土悬臂式挡土墙、扶壁式挡土墙，以及加筋土挡土墙等形式。小流域常用的是重力式挡土墙，由砖、石、混凝土等材料砌筑而成，体积较大。重力式挡土墙依靠自重产生的抗倾覆力矩来平衡作用于墙背上的土压力引起的倾覆力矩，从而保持稳定。其结构简单，施工方便，易于就地取材。重力式挡土墙高度一般小于5m，在土质地基中，基础埋置深度不宜小于0.5m；在软质岩地基中，基础埋置深度不宜小于0.3m。为保证雨后墙体的强度，挡土墙需设置截水沟或泄水孔等排水设施。可沿墙体种植攀缘植物，既能稳定墙体，又能起到绿化美观的作用。

（9）生态护坡（岸）。小流域内村庄道路两侧及河道两岸常存在破坏严重、裸露的土质边坡和岩石边坡，边坡坡面土质松散，岩石分化严重，稳定性差，为防止坡面水土流失，营造良好的生态景观，应采取护坡措施。传统的护坡形式有干砌石护坡、浆砌石护坡、混凝土护坡等，但随着对景观和环保意识的增强，结合新农村建设，小流域内宜更多采用生态护坡技术。

生态护坡机理是在坡面上栽种树木、植被、草皮等植物，通过植物根系发育，深入土层，使表土固结。植物覆盖坡面，不仅可以阻止地面径流，调节表土的湿润，防止扬尘风蚀和水土流失，而且可以美化景观，改善生态环境。小流域主要应用的生态护坡技术包括植草护坡、生态混凝土护坡、网格生态护坡、生态袋护坡等，其主要应用范围，见表3.2。

表3.2　常用边坡防护措施技术

护坡形式	土质边坡	岩质边坡	坡比			
			>1∶1	1∶1	1∶0.75	1∶0.5
植草护坡	√		√	√	√	
生态混凝土护坡	√	√		√	√	
网格生态护坡	√	√	√	√	√	√
生态袋护坡	√	√		√		
客土植生植物护坡		√		√	√	√
液压喷播植草护坡	√	√		√	√	

（10）排洪工程。排洪沟（渠）是小流域村庄防洪排涝的主要工程措施，小流域现有排洪沟（渠）多数存在排污严重、垃圾淤积、缺少防护、水环境差等问题，既影响了行洪安全，又破坏了水生态健康，应对排洪沟（渠）进行综合整治。根据防洪标准计算洪峰流量，拓宽不符合行洪标准的沟（渠）道断面，保证行洪安全。实行雨污分流，将排入排洪沟（渠）的污水，利用埋设暗管暗渠的方式集中组织排污，防止污水的污染，净化排洪沟（渠）水源；有条件的地方，可与村庄附近的坑、塘等连接，进行雨洪水利用。排洪渠宜采用明渠形式，侧墙宜采用浆砌石或干砌石，渠道两岸宜进行生态护岸、植被绿化等

措施。

(11) 蓄水工程。蓄水工程主要包括塘坝、水窖和蓄水池等小型水利工程。水窖是修建于地面以下并具有一定容积的蓄水建筑物，由水源、管道、沉沙、过滤、窖体等部分组成。水窖可以拦蓄雨水和地表径流，减轻水土流失，还可以为人畜饮水和旱地灌溉提供水源。水窖要根据年降水量、地形、集雨坪（径流场）面积等条件因地制宜进行合理布局。在石质山区，多利用现有地形条件，在无泥石流危害的沟道两侧的不透水基岩上，加以修补，做成水窖，窖址应便于人畜用水和灌溉农田。

(12) 生态农业。生态农业工程建设主要指减少农田化肥和农药造成的面源污染，实现农业清洁生产，指导农民科学使用农用化学品，推行测土配肥，保持化肥农药的合理使用水平，扩大生物肥料、生物农药覆盖面。

科学施肥工程：一是根据不同农田生态系统、不同作物和不同生长时期的养分需求特征，合理安排养分投入的比例和不同肥料品种的综合应用技术等，积极使用控释肥和测土配方施肥，减少肥料的投入量，提高养分的利用率；二是提倡秸秆和杂草还田，增加农家土杂肥等有机肥、生物肥施用比例，提高土壤有机质，减少土壤土质退化。

农药污染防治过程：一是禁止生产和使用国家明令禁止的农药，推广使用高效、低毒、易降解、低残留的生物农药和植物性农药，注重科学合理施用农药；二是大力推广生物防虫技术和机械物理防虫法，争取保护区内森林病虫害防治面积95%以上采用生物农药，利用昆虫的趋光性、对特定植物向趋性以及昆虫性外激素等进行诱杀。

(13) 节水灌溉。为节约水资源，充分利用现有水资源和雨洪水，小流域内的山区果园、农地、城市绿地等，宜实施节水灌溉措施。适用本区的节水灌溉技术主要包括喷灌和滴灌。与普通地面灌水方法相比较，滴灌和喷灌不仅具有省水省工、提高作物产量和质量的优点，而且相对于水土保持而言，更具有保土、节地和适应性强的特点，节水灌溉不受地形坡度和土壤透水性的限制，可以不破坏土壤团粒结构，保持土壤的疏松状态，不产生土坡冲刷，使水分都渗入土层内，避免水土流失，且大大减少沟渠、田埂的占地，提高土地利用率。滴灌适用于小流域内各种土壤条件下的蔬菜、果树、花卉、温室等行播作物。喷灌不仅可以用于小流域内农作物以及花卉、草地等的灌溉，而且可兼作喷洒肥料、喷洒农药、防霜冻、防暑降温和防尘等用途。

(14) 环境美化。在小流域内人类活动聚集区，特别是村庄，存在垃圾乱堆乱放、缺乏绿地、环境卫生较差等问题，对村庄进行绿化美化，是改善村民人居环境、实现农村环境整洁优美的重要环节。

对村庄道路两侧、场院等地的“五堆”（柴、土、粪、垃圾、建筑弃渣）应进行清理整治；对村庄四周、道路、水旁的原有树木应予保留，绿化主要应以造新补缺为主，以乡土树种为主，慎重引进新树种，适当增加经济林。对城镇、工业经济区等应以观赏树种为主，并注重乔、灌、花、草品种的配置，增加景观的层次性和季节性。

(15) 垃圾管理。目前一些村庄和旅游景区普遍存在未布设垃圾收集站，或布设的垃圾收集点（箱）和垃圾站数量偏少、间隔较远的现象，导致垃圾倾倒不方便，加之部分群众的环保意识不强，部分垃圾倾倒在路边和沟道内，影响周边环境，尤其在雨季，垃圾将会随洪水冲刷至周边的沟道和河渠，污染水质。因此，需根据村庄（旅游区）规模、人口、日产垃圾量等布置建设垃圾收集站点和垃圾收集箱。农村生活垃圾处理按照“资源化、减量化、无害化”的原则采用“户集、村收、镇运、县（市）或区域集中处理”的管理模式。

（16）污水处理。污水来源主要是农村生活用水、畜禽养殖废水以及旅游餐饮污水、工业废水等。其特点为：点源较分散，排放量较大，距污水收集管网远，污水处理设施少；厕所多为旱厕，渗入地下，污染环境；雨季雨污合流，一般直接排入河道，对水环境造成危害；污染物以有机物、氮、磷等为主。

综合考虑小流域污水排放方式、排放特点以及污水处理设施建设和运行成本等因素，小流域污水处理主要采用以下三种处理模式：

1）分散处理模式。主要适用于规模小（常住人口小于1000人）、布局分散、污水不易集中收集的村庄、养殖场或旅游区等，污水分散收集，每个区域单独处理，宜采用自然处理、小型污水处理设备（如WSZ－A型设备）等工艺形式；旅游区要设生态厕所（如微生物水循环厕所）。

2）集中处理模式。适用于规模较大的单村或联村，将农村生活污水通过污水管网收集后集中处理，可采用自然处理、常规生物处理等工艺形式。

3）接入市政管网模式。将农村污水通过污水管线收集后输送至附近市政污水管网，就近接入市政污水处理厂进行集中处理，适用于距离卫星城、市政污水管网较近（3km以内）、符合接入高程要求的区域。

主要处理工艺技术有以下两种：

1）人工湿地系统。在一定长宽比及底面坡降的洼地中，由土壤和按一定坡度充填一定级别的填料（如砾石、碎石等）混合组成填料床，废水可以在床体的填料缝隙中流动，或在床体的表面流动。在床体表面种植具有处理性能好、成活率高、抗水性能强、生长周期长、美观且具有经济价值的水生植物（如芦苇、香蒲等），它与在水中、填料中生存的动物、微生物形成一个独特的动植物生态环境。污水流经床体表面和床体填料缝隙时，通过过滤吸附、沉淀、离子交换、植物吸收和微生物分解等实现对污水的净化处理。适用于周边有闲置的荒地或坑塘的村庄。其工艺流程如图3.1所示。

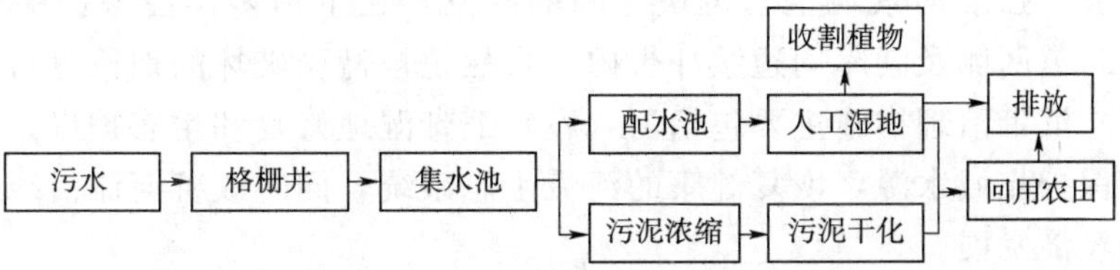

图3.1 人工湿地污水处理技术工艺流程

2）曝气生物滤池。是将生物接触氧化工艺与悬浮过滤工艺结合在一起的污水处理工艺。以滤池中填装的粒状填料（如活性炭、页岩陶粒、焦炭、炉渣、砂子等）为载体，在滤池内部进行曝气，使滤料表面生长大量生物膜，当污水流经时，利用滤料上所附生物膜中高浓度的活性微生物的强氧化分解作用以及滤料粒径较小的特点，充分发挥微生物的生物代谢、生物絮凝、生物膜和填料的物理吸附和截留以及反应器内沿水流方向食物链的分级捕食作用，实现污染物的高效清除，同时利用反应器内好氧、缺氧区域的存在，实现脱氮除磷的功能。曝气生物滤池技术适用于小流域内远离城市排水管网、处理规模较大的单村与联村污水集中处理。其常用工艺流程如图 3.2 所示。

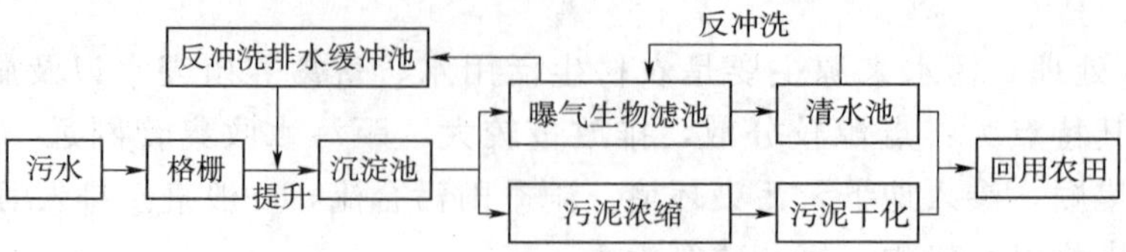

图 3.2　曝气生物滤池技术常用工艺流程

小流域内污水处理后的出水水质应严格符合以下规定：直接排入附近水体，应符合《地表水环境质量标准》（GB 3838—2002）的规定，其中饮用水水源一级保护区范围内排放的污水执行Ⅱ类标准，二级保护区和其他汇水范围执行Ⅲ类标准；用于农田灌溉，应符合《农田灌溉水质标准》（GB 5084—2005）的规定；排入景观河道，应符合《城市污水再生利用　景观环境用水水质》（GB/T 18921—2002）的规定。

（17）农路建设。小流域内的田间生产道路和村庄步道常存在路面不平整、径流冲刷严重等问题，需进行修整。田间生产道路面宽不宜超过 3m，坡度不宜超过 8°；地面坡度超过 8°的地方，道路应随山就势，盘绕而上，宜采用土质、渣石或沙砾石路面。小型村庄道路面宽不宜超过 2m，可为土道、铺石路或石板路等，铺石路或石板路的石块应互相咬合，路面平整。在农路路面两侧宜布置排水沟，防止路面积水；路边植树与村庄美化工程相结合，选择适宜树种，田间生产道两侧以低矮、经济树种为主，村庄步道以高大、景观树种为主，达到隔音、隔尘的效果。

（18）防护坝。当河（沟）道洪水对村庄、道路和农田造成威胁时，以村庄、道路和农田等作为防护对象，根据防护标准，修建护村坝、护地坝和护路坝等。护村坝和护路坝主要修建在容易遭受洪水危害的地方；护地坝主要修建在农田地坎边坡不稳定的地方。防护坝防洪标准宜采用 10 年一遇洪水，且与周边景观相协调。

（19）河（库）滨带治理。河（库）滨带是生态保护区的重要组成部分，在河流横向上是河流生态系统与陆地生态系统进行物质、能量、信息交换的一个重要过渡交错带，在河流纵向上能够增强沿河景观生态斑块之间的联系，在生物多样性保护中也具有重要意义。因此宜对河道两侧及湖库周边缓冲带内，自然植被遭受破坏的地段进行河（库）滨带治理。河（库）滨带治理措施主要包括河（库）滨带湿地修复和生态护岸，主要目的是修复受损河道，保护流域水源，恢复健康的河流生态系统，同时改善河流沿线自然景观，促进流域旅游和经济发展。

（20）河道治理。小流域河道常存在垃圾淤积、污水排放量大、水质较差、岸堤破损和防洪标准低等问题，影响行洪安全。因此，应对影响河（沟）道行洪安全的淤积物、违章设施、堆放物和垃圾等进行清理。河道清理整治应与河（库）滨带治理、湿地恢复、排洪渠（沟）、护坡等措施相结合，共同实现生态清洁小流域的治理目标。

（21）雨水利用。雨水利用工程具有水资源循环利用、补给地下水的作用，又能起到防洪的作用，在山区和城区分别采用不同的雨水利用工程。山区雨水利用主要结合五小水利工程，拦蓄雨洪，防治洪水和泥石流灾害。城区雨水利用工程按照因地制宜、“先入渗、再滞蓄、后排放”的原则进行，可采用人工湖、透水砖、回灌井等措施，对于雨落管可以直接与地下渗井、渗水管连接；在广场、社区庭院铺设透水砖；在道路两旁设置蓄渗雨水的渗沟、渗井；在城市低洼、立交桥下等重点严重积水地区，建设大型快速收集雨洪水的地下雨水滞留库等，收集的雨水可用于绿化、洗车、消防备用水源等。利用雨水回补地下水，不仅可以缓解水资源压力，还可以减弱城市的热岛效应。

(22) 节点景观。节点景观是对旅游区、主城区和工业园区内以水或路为主轴线景观的诠释，结合景观主题和功能设置园林小品、雕塑、曲桥流水、亲水平台、景亭、跌水、廊架观鱼等，达到“一步一景、步移景变”的视觉效果。

3. 治理模式

不同小流域的自然地理概况、社会经济发展条件、水土流失及防治状况等各不相同，需要不同的水土流失综合防治措施体系，不同的土地利用方式和经济开发方向，推动形成了各具特色的小流域水土流失治理、保护与开发模式。小流域治理模式主要分为生态保育型、生态农业型、旅游经济型、工业绿地型、都市休闲型。

(1) 生态保育型小流域治理的主要目的是涵养水源、减少水土流失，其主要特征为生态林所占比重较大，以生物措施（造林）为主，工程措施为辅。主要措施包括封山育林、疏林补植、退耕还林还草等措施。生态保育型小流域主要分布在作为饮用水水源水库和河流的周边及上游区域。

(2) 生态农业型小流域治理是以改善人民生产、生活和生态环境为目的，工程措施和生物措施并重，包括坡面整治、砌筑树盘、节水灌溉、造林植草、环境美化、垃圾处理、污水处理和农路建设等措施。在特色林果种植区，适度发展观光农业，形成“山顶绿带飘，山间果缠腰，山底粮满仓”的生态小流域。生态农业型小流域主要分布在农业生产区。

(3) 旅游经济型小流域建设以绿色产业和休闲观光旅游为主，在具有山水、民俗旅游资源的小流域，充分利用当地资源开发旅游业，美化环境的同时带动当地经济发展。

(4) 工业绿地型小流域建设主要加强循环经济示范区和生态工业园区的生态环境建设，构建河道生态绿廊和工业景观，以体现工业文明与生态文明的完美结合及彰显国际特色为目的。主要是在保证防洪安全的情况下，进行工业绿地和节点景观建设等。

(5) 都市休闲型生态清洁小流域主要分布在城镇等人口密集区，小流域治理的目的主要是加强水生态文明城市建设，为人民提供一个休闲、舒适、优美的生活环境，打造人水和谐、人水相亲的宜居城市。

3.3 水生态环境修复技术

3.3.1 河流修复技术

河流是陆地表面成线形的自动流动水体。河流修复是指使河流生态系统恢复到被破坏前的近似状态，且能够自我维持动态均衡的复杂过程。河流修复技术多种多样，物理技术有河道引水技术、生态防渗技术、物理覆盖技术、人工增氧技术等；化学技术有投加絮凝剂促进污染物沉淀、加石灰脱氮、投加化学药剂除藻、调节 pH 值对重金属进行化学固定、原位化学反应技术等；生物—生态技术有微生物修复技术、水生动植物修复技术、人工湿地技术以及多自然型河流构建技术等。

1. 河道引水技术

河道引水技术是指引进外部清洁水源来改善河道水质。在水源允许的情况下，引进外部清洁的水源，增加河水水量，不仅可以人为地缩短水在河道中的停留时间，增加浮游植物的生物量，使污染河水不易黑臭，同时水体复氧量也会增加，提高河道自净能力。引水的直接作用是加快水体交换，缩短污染物滞留时间，从而降低污染物浓度指标，使水体水质得到改善；水体的流动性加强了沉积物与水体界面之间的物质交换，提高水体自净能力。利用调水改善河道水质是一种投资少、成本低、见效快的处理工程。

例如：武汉大东湖生态水网——“六湖连通”工程，是以东湖为中心，将东湖等 6 个主要湖泊以及青潭湖、竹子湖、水果湖、内沙湖、陈家堰等湖泊与长江通连，形成江、湖、港、渠为主要组成部分的庞大水网。引入江水，连通湖泊，让湖水流动起来。

2. 河道曝气技术

河道曝气技术是在适当位置向河水中进行人工充氧，加速水体复氧过程，使整个河道的自净过程始终处于好氧状态，提高水体好氧微生物活性，从而改善河流水质的过程。河道曝气复氧一般采用固定式充氧站和移动式充氧平台两种形式的曝气设备，包括叶轮式曝气机、水车式曝气机、射流式曝气机以及曝气复氧船等。

固定式曝气：当河水较深，需要长期曝气复氧，且曝气河段有航运或景观功能要求时，一般宜采用固定式充氧站，即在河岸上设置一个固定的鼓风机房或液氧站，通过管道将空气或氧气引入设置在河道底部的曝气扩散系统，达到增加水中溶解氧的目的。

移动式曝气：采用可以快速移动的曝气设备，其优点是可以根据曝气河段水质的变化和航运要求，灵活调整曝气强度和曝气位置，使曝气更为经济、高效。河道曝气在国内外河道治理中应用很广。如：德国早在 20 世纪 80 年代对 Enscher 河进行纯氧曝气复氧；英国 1850 年在泰晤士河中安装大型充气设备，增加水体中的溶解氧；美国在 20 世纪 70 年代至 80 年代初期，圣克鲁斯港大量鱼死亡，通过在河口处安装曝气设备，解决了这一问题；帕斯是澳大利亚西部的最大港口，通过在河沿岸固定地点进行复氧曝气和河流移动式曝气，来改善当地水质；上海苏州河支流新泾港下游是一段严重污染河道，对其进行纯氧曝气有效降低了黑臭水体中的化学需氧量浓度。

3. 河道稳定塘

稳定塘对污水的净化过程与自然水体的自净过程相似，是一种利用天然净化能力处理污水的生物处理设施。用于河水处理的稳定塘可以利用河边的洼地构建，对于中小河流（不通航、泄洪），还可以直接在河道上筑坝拦水构建河道滞留塘。河道稳定塘的类型有好氧塘修复、曝气塘修复、水生植物塘修复和养殖塘修复这四种类型。

案例：人工强化氧化塘用于温榆河水体修复

将温榆河上游一条旱沟堆积土坝蓄水，改造成氧化塘，旱沟长期处于干涸状态，自然水生态系统短时间很难形成，通过人工强化向塘中加设软纤维填料，大量地增加附着生物量，以提高单位体积的处理负荷量及处理效率，在低温下处理效率的提高特别明显。

人工水草是美国研制成功的一种具有水草形状的人造聚合物，由超编织技术制造的具有高比表面积的织物。将其置于水中后，可以成倍地吸附水中微生物，微生物群将水中污染物进行高效降解。

4. 人工湿地技术

人工湿地技术主要是将被污染的河水有控制地投配到生长有芦苇、香蒲等水生植物的湿地上，污水在沿一定方向流动过程中，经过水生植物和土壤的作用得以净化。

人工湿地一般分为两类：表流湿地（自由水面人工湿地）和潜流型人工湿地。

（1）表流湿地（自由水面人工湿地）。在表面流湿地系统中，水面位于填料表面以上，水深一般为0.3～0.5m；湿地中种植挺水型植物（如芦苇等）。向湿地表面布水，水流在湿地表面呈推流式前进，在流动过程中，与土壤、植物及植物根部的生物膜接触，通过物理、化学以及生物反应，污水得到净化，并在终端流出。

（2）潜流型人工湿地。潜流型人工湿地可分为水平潜流人工湿地、垂直潜流人工湿地和复合流人工湿地。

人工湿地由四部分组成：防渗层、基质层、腐殖层、水层和湿地植物。

1）防渗层：阻止污水向地下水体的渗透；可选用的材料有黏土、高分子材料；湿地底部的沉积污泥层可形成天然防渗层。

2）基质层：提供植物生长所需的基质；为污水的渗流提供良好的水力条件；为微生物提供良好的生长载体。一般采用砾石、土壤或砂。

3）腐殖层：为微生物提供良好的生长载体过滤作用，可去除污水中的悬浮物，能作为反硝化的碳源；一般由落叶、枯枝、微生物和小动物的尸体组成。

4）水层和湿地植物：提供污染物降解的场所；提供水生动物栖息地；净化水中污染物。

案例：松花江富锦段人工湿地净化污染河水

富锦市的城镇人口和农业生产活动密集，成为松花江富锦段的主要污染原因。污染物质通过沟渠和强排站排入松花江，对松花江水质造成污染。建设人工湿地工程能够在末端对污水进行处理，截留污染物质，削减河水污染负荷，改善周边生态环境。

经过人工湿地净化后，松花江富锦段达到地表水Ⅲ类水平。近年来，该段水质基本达标，部分时段水质监测结果为地表水Ⅳ类水平。

3.3.2 湖泊修复技术

湖泊是四周陆地所围成的洼地，是与海洋不发生直接联系的静止的水体，而人工湖泊则被称为水库。湖泊水库的修复主要强调恢复水生态系统的服务功能、恢复受损或受干扰湖泊水库水生态系统的结构和生态功能等两个方面。湖泊水库水质恶化主要有两个原因：一是外界输入的大量营养物质在水体中富集；二是内源性负荷。因此湖泊水库修复可从外源性污染物质的控制和内源性污染物质的控制两方面展开。外源性污染物的控制技术主要有清洁生产、退耕还林、改变消费模式、废水集中处理技术等；内源性污染物的控制技术主要有稀释和冲刷、底泥疏浚和覆盖、水力调度技术、气体抽提技术、空气吹脱技术、投加石灰法、水生植物修复技术、生物调控技术、生物膜技术、微生物修复技术、仿生植物

净化技术、土地处理技术、深水曝气技术等。外源性污染物控制技术中的清洁生产和内源性污染物控制技术中的底泥疏浚都是修复湖泊水库的有效技术。

1. 清洁生产技术

清洁生产是指通过原材料和能源的调整替代、工艺技术的改进、设备装备的改进、过程控制的改进、废弃物的回收利用、产品的调整变更等措施，达到污染物的源头削减、过程控制、提高资源利用效率的目的，减少或者避免生产和产品使用过程中污染物的产生和排放，以减轻或者消除对人类健康和环境有危害的技术。清洁生产技术主要包括源头控制、过程减排和末端循环类技术。源头削减应尽量采用无污染、少污染的能源和原材料；过程减量应尽量采用消耗少、效率高、无污染、少污染的工艺和设备；末端循环时对必须排放的污染物，采用回收、循环利用技术，回收其中有利用价值的资源。清洁生产可以产生环境和经济双重效益，使得汇入湖泊水库中的外源性污染物浓度大大减少，达到修复的目的。

2. 底泥疏浚技术

底泥是湖泊水库中的内污染源，有大量的污染物质积累在底泥中，包括营养盐、难降解的有毒有害有机物、重金属离子等。底泥中的有害物质释放到水体中会使水质急剧恶化。底泥疏浚可以彻底去除其中的有害物质。一般有两种疏挖形式：一种是把水抽干，然后用推土机和刮泥机进行疏挖；另一种是采用带水作业。第一种方法存在一定的技术限制，第二种方法应用性更强。带水疏挖可以采用机械式疏挖，也可以采用水力式疏挖。疏浚技术主要包括确定疏挖底泥体积、选择挖泥机、计算压头和功率、设计底泥堆放场以及底泥利用等几个部分。疏浚时应注意防止底泥泛起以及底泥的合理处置，避免二次污染。欧洲多国均采用过该技术对湖泊水库进行修复，并且效果显著。

滇池草海进行的底泥疏浚清淤工程，共耗资人民币 2.5 亿元，对面积为 2.828km^2 的湖底进行了疏浚，挖泥量达 424 万 m^3。底泥疏浚工程完成后，有关监测部门在 1999 年 5 月对草海中心的有关参数进行了监测，监测结果显示，草海中心的总氮、总磷和叶绿素 a 浓度分别达 13.03mg/L、1.2mg/L 和 639.41mg/m^3，与挖泥前 1994—1996 三年平均值 4.21mg/L、0.60mg/L 和 119.17mg/m^3 相比均有大幅度增加。2000 年平均生化需氧量、化学需氧量、总氮、总磷与 1998 年相比分别增加 15%、60%、57%和 92%。

3.3.3 湿地修复技术

湿地是处于陆地生态系统和水生生态系统之间的转换区，具有独特水文、土壤、植被与生物特征的生态系统。湿地修复指通过生态技术或生态工程对退化或消失的湿地进行修复或重建，再现破坏前的结构和功能，以及通过相关的物理、化学和生物学过程，使其发挥应有的作用。湿地修复技术可按照物理、化学和生物技术进行划分。物理技术包括土壤渗滤法、调水冲洗法；化学技术包括混凝法、中和法、氧化还原法、吸附法、离子交换法、电渗析法；生物技术包括湿地植物净化法、生物膜吸附法等。由于化学方法容易对湿地生态系统造成新的污染，所以相关技术应用不广泛。土壤渗滤法和生物膜吸附法是两项比较新的技术，应用性也较强。

1. 土壤渗滤法

湿地土壤是湿地植物生长发育的基质，在此发生了各种物理化学反应，利用湿地土壤对水环境污染物的过滤特性，可以达到水环境改善的目的。研究表明，湿地土壤在垂直方向上对氮和磷有很强的过滤截留作用。对氮素过滤、截留起主要影响作用的土壤因子是黏土含量、有机质含量和总氮含量，对磷素起主要影响作用的土壤因子是黏土含量、有机质含量、pH 值和含水量。该技术具有简单易行、费用低的特点，应用性较强。

案例：扎龙自然保护区缓坡土地渗滤处理系统

利用扎龙自然保护区地表亚黏土良好的理化性能和强大的土壤微生物降解作用，结合污水流经场地所具有的独特的地理环境，就地取材，通过土壤渗滤法对流入湿地的造纸废水进行处理。在水土—植物—微生物体系的共同作用下，水中的污染物能够得到净化，从而保护了扎龙自然保护区的生态环境。保护区地表层的亚黏土对造纸废水中各项污染物均有较好的祛除效果，其重铬酸盐指数、五日生化需氧量、六价铬离子、氨氮及总磷的去除率分别达到了 70%、84%、90%、78%及 80%以上，在该处利用缓坡土地渗滤处理系统是稳定可行的。

2. 生物膜吸附法

在一定的酸碱条件下，生物膜对于湿地水环境中的重金属具有一定的吸附作用。根据湿地的理化性质设计生化池，可采用连续水的动态自然挂膜培养方式，微生物在填料上缓慢生长和繁殖，生物膜会逐渐变厚。生物膜上含有丰富的藻类和原生动物，先吸附原水中的有机物、氨氮等污染物，再进一步被膜上的微生物分解、吸收、代谢而去除。

3.3.4 地下水修复技术

地下水是指存在于地表以下岩（土）层空隙中各种不同形式水的统称。地下水具有多种功能，与人类生活密切相关。随着工农业的快速发展和人民生活水平的提高，地下水受到了严重污染。因此，对受污染的地下水环境进行修复变得越来越重要。地下水修复技术可大致归并为四类，即物理技术、化学技术、生物技术和复合技术。物理技术包括水动力控制法、流线控制法、屏蔽法、被动收集法、水力破裂处理法等；化学技术包括有机黏土法和电化学动力修复技术；生物技术包括原位生物修复技术（如 BS 技术）和异位生物修复技术（如堆肥式处理法、预制床法、厌氧处理法、生物反应器法等）；复合技术包括可渗透反应墙法、抽出处理法、注气-土壤气相抽提（SEV）法。复合法修复技术兼有以上两种或多种技术属性，如抽出处理法，同时使用了物理修复技术、化学修复技术和生物修复技术，综合各种技术的优点，在修复地下水时更加有效。

1. 抽出处理技术

抽出处理技术简称 P&T 技术，是最常规的污染地下水治理方法。该方法采用水泵将含水层中地下水面附近的地下水抽取出来，把水中的有机污染物质带回地表，然后用地面污水处理技术对其进行净化处理，最后将处理好的水重新注入地下或排入地表水体，以防止地面沉降或海水入侵，并且可以加速地下水的循环流动。地面污水处理方法很多，最常用的包括以下七种：沉淀、膜分离、交换树脂、活性炭吸附、空气吹脱、化学氧化和生物降解。由于液体的物理化学性质各异，P&T 技术只对有机污染物中的轻非水相液体祛除效果明显，而对于重非水相液体来说，治理耗时长而且效果不明显。该方法存在操作繁琐、时间长、成本高的问题，需要长期监测和维护。而且，一旦抽水停止，污染物浓度又会升高，不能从根本上解决问题。

2. 可渗透反应墙法

近几年，随着研究的深入，可渗透反应墙法被认为是替代传统抽取处理方法的一种有效方法。该技术广泛用于处理地下水中的有机和无机污染物，它具有能够较长时间持续原位处理、处理组分较多、价格相对便宜等优点，因此近年来受到越来越多的关注。

可渗透反应墙法（PRB）是用于原位去除地下水及土壤中污染组分的方法。美国环保署 1998 年发行的《污染物修复的 PRB 技术》手册将 PRB 定义为：在地下安置活性材料墙体以便拦截污染羽状体，使污染羽状体通过反应介质后，其污染物能转化为环境接受的另一种形式，从而实现使污染物浓度达到环境标准的目标。

实际上，污染组分是通过天然或人工的水力梯度被运送到经过精心放置的处理介质中，污染物与介质发生物理、化学或生物作用，如降解、吸附、淋滤或者去除溶解的有机质、金属、放射性以及其他的污染物质，从而得到清洁的地下水。墙体可能包含一些用于降解挥发的有机质，用于滞留重金属的螯合剂，用于提高微生物的生物降解作用的营养及氧气，以及其他组分。

目前在欧美一些发达国家，已对其进行了大量的试验及工程技术研究，并已开始投入商业应用，取得了不错的效果。从 1982 年至今，欧美国家已经建立了 120 座以上的 PRB，而在我国仍处于实验摸索阶段。1996 年在美国伊丽莎白地区的东南部安装了一个连续墙式 FeO－PRB。治理之初，污染羽状体中含有较高浓度的铬（>10mg/L）及一部分有机物，经过反应墙的连续反应，其中铬的浓度小于 0.01mg/L，TCE、DCE 等有机物的浓度也达到了相应的标准。吉林大学也通过实验模拟装置成功去除了地下水中的部分金属和有机物。

3.4 水生态环境修复实例

3.4.1 赣州市上犹县园村生态清洁型小流域治理案例

江西省赣州市上犹县在实施国家水土保持重点工程中，大力开展生态清洁小流域建设，把农村河道整治、生活污水处理、村容村貌改善、面源污染防治等纳入工程建设管理的重要内容，并把园村小流域列为试点，积极探索山区生态清洁小流域建设模式，坚持治山、治水、治污“三治同步”，突出做好治山保水、疏河理水、生态净水、产业护水、宣传爱水“五水共建”，大大提升了国家水土保持重点建设工程的层次和品位，为统筹推进该区域生态旅游发展增添了强劲的动力，对当地经济快速健康发展起到了积极的推动作用。

1. 基本情况

园村小流域隶属赣江左支章水的上犹江支流，地处上犹县梅水乡，距上犹县城 14km，土地总面积 49.88km²，其中水土流失面积 12.32km²，占 24.7%。上犹县作为章江源头保护区，担负着保护好赣州市区 300 万人口饮用水源安全的历史重任。以水为主题，做好小流域综合治理提质增效文章，积极开展水生态文明宣传教育，确保上犹江一江清水送赣州，成为了上犹县实施国家水土保持重点治理工程建设项目的重点。该县在传统小流域治理的基础上，逐步推进生态清洁小流域建设，并选取有乡村旅游基础的园村小流域作为试点，积极探索山区生态清洁小流域建设模式，取得了非常显著的成效，得到了上级业务主管部门的充分肯定和当地干部群众的一致好评。该小流域被水利部授予“国家水土保持生态文明工程”（图 3.3），小流域内的园村被江西省水利厅评为全省首批“省级水生态文明村”。

图 3.3　园村清洁小流域工程标识

2. 经验做法

（1）治山保水。对小流域内植被稀疏、水土流失较为严重的山地自然坡面，设置竹节水平沟＋乔灌草和工程整地的综合治理模式，高标准种植马尾松、杉树、枫香、木荷和胡枝子等当地优势树种，并在水平沟的沟坎外高密度种植灌草，以达到林草植被的快速覆盖的目的；对轻度水土流失山地且山上植被稀疏的，按照适地适树的原则大规模种植枫香、木荷等阔叶树种，同时结合当地群众的意愿，适当种植杉树等有一定经济价值的树种进行治理；对山上植被相对较好，但一旦遭到人为砍伐，有可能造成水土流失的山地，聘请专门的水土保持监督管护员进行管护，同时对树种单一采取封禁补植的形式补种枫香、木荷及杉树等树种。这些治山措施既实现了植被的快速恢复，从源头上保住了水土，又改变了以往林相单一的状况，增加了森林色彩，美化了村庄周边大环境。

（2）疏河理水。将治理重心以河道治理与环境污染源头防控有机结合，治理手段以工程措施与生态措施并举，逐步实现了“河畅水清，岸绿景美，人水和谐”的目标。治理前，该小流域由于水土流失等原因致使河道淤积堵塞严重，沿线绝大部分河道都相当狭窄，河道宽度平均不足 4m，有些地方甚至不足 2m，严重影响了河道的行洪泄洪能力。采取扩大河道行洪能力的治理措施，以清淤疏浚为主，以护坡护岸和堤防修建为辅，努力保持河流的自然状态，不肆意雕琢改造。注重河道景观生态化营造，增加河道两侧绿化带，在堤岸规划建设游步道系统，把游步道和河道相结合，并通过兴建过水堰和亲水码头，精心打造亲水性人文活动空间，打造水土保持文化长廊（图 3.4）使区域内水生态文明和乡村旅游品位

图 3.4　园村水土保持文化长廊

大大提升。河道整治不到半年河里就开始有了小鱼小虾。

历史上园村洪涝灾害频繁，流域内常被洪水淹没，造成损失。特别是2006年7月26日，受“格美”台风影响，流域内遭受特大洪灾袭击，洪峰流量近400m^3/s，几乎全村受淹，进水深度2m多，农舍几乎被暴雨摧毁殆尽，农田冲毁，造成严重经济损失。在2013年度的项目实施中，对园村河重点实施了护岸护坡工程，极大地提高了河道的防洪标准，增强了园村河抵御洪涝灾害的能力，使园村河沿岸面貌大为改观。在此基础上，2014年又对园村河主干道沿岸进行了再包装、再提升，实施了“锦上添花”工程：一是开展了生态护坡，采取园林绿化的标准，对实施了护岸工程的一河两岸进行了美化靓化；二是为了稳定园村河河床，合理配套建设了6个过水堰，使长年无声无息的园村河从此有了欢快的乐曲；三是为方便当地群众生产生活，配合过水堰工程设置了若干个亲水码头，让老百姓真真切切地感受到项目建设带给他们的便利。

(3) 生态净水。针对农村生活污水随意排放、造成严重污染这一普遍存在的问题，在小流域内建设了若干个以生物处理为主的农村生活污水净化池，把农户家里的生活污水全部收集起来，集中排放到净化池里（图3.5），通过生物净化处理后再进入河道。同时，积极配合有关部门开展“三清洁四整治”（清洁家园、清洁田园、清洁水源，整治建房秩序、渔业秩序、林业秩序、河道秩序）活动，全面整治农村人居环境和水环境，区域内生活垃圾无害化处理率达到95.3%，生活污水处理率达到92.6%。

图3.5 园村水生植物净化系统

(4) 产业护水。在小流域的“两茶一苗”（茶叶、油茶和珍贵苗木）农业产业基地内，因地制宜，因需布设，讲求实效，科学合理地配置各类水土保持措施，包括坎下沟、路边草、坎边草、雨水集蓄利用工程以及小型水保工程。根据经果林开发地形和集雨面积，利用山丘区自然高差，通过对经果林基地合理配置“三沟”（坎下沟、引水沟、排灌沟）“两池一塘”（蓄水池、沉砂池、山塘）等小型蓄排工程的建设，对雨水就地进行蓄积，减少泥沙径流，增加补灌抗旱水源，做到排水有沟、集雨有池有塘。同时合理配置生产道路，减轻劳动强度，加上种草、种植胡枝子等灌木的措施，达到水不乱流，肥不乱跑，泥不下山，发挥“小工程、大规模、高效益”的作用，对经果林开发导致的水土流失现象进行了有效的治理，保水、保肥、保土能力提高的同时，极大提高了经果林基地的土地生产能力。

通过建立多目标、多功能、高效益的水土流失综合防护体系，有效防止了开发过程中的水土流失，实现了水土资源利用和生态环境保护的共赢，为农业产业发展夯实了基础。同时，水利、道路等各项配套措施的不断完善，生态环境和生产、生活条件的极大改善，也让当地有商业头脑的商人从中发现了商机。比如，犹江绿月公司在原有有机茶的基础上追加投资120万元，以合作社的形式发展种植菊花、桃花等，进一步推动当地农业休闲观光旅游业的发展；大金山漂流公司投资500多万元进一步改善基础设施建设，共同打造休闲农业创意园（图3.6）。民间资金得到激活，当地社会经济可持续发展呈现一片春意盎然的景象，当地干群对水土保持工作的认知度得到极大提高。

图3.6　园村休闲农业创意园

(5) 宣传爱水。根据赣州市人民政府、江西省水利厅印发的《赣州水土保持改革试验区工作实施方案》的通知要求，成立了水土保持知识教育进党校活动工作领导小组，上犹县委党校要把水土保持知识教育纳入党校主体班次教学内容，上犹县水保局把水文化融入项目建设中，在园村小流域通过设置“水土保持文化长廊”和水土保持工程示范点，全方位开展水土保持生态户外宣传，不断深化水土保持国策和水生态文明宣传教育，大力倡导和普及人与自然和谐相处的生态文明理念；切实加强水土生态文化平台建设，让当地干群和游客在认识水土保持生态环境建设重要性的同时，通过现场观摩和培训，快速掌握水土流失防治的基本知识。特别是借助赣州市委党校在该小流域内的园村开办的全市科级干部培训教育基地平台，通过户内教室与户外教室相结合的形式，全方位地开展水土保持知识的宣传教育活动，同时，对每一个水土保持单项工程和相对集中的水土保持措施示范点都贴上了特制的水保标志或竖立了示范标志牌，从而使整个生态清洁小流域建设的每处治理现场都充满了水生态气息和水土保持文化氛围。

3. 主要成效

(1) 生态环境改善。综合治理措施的实施，工程措施与植物的建设，初步形成了较为完善的水土流失综合防御体系，使小流域的植被迅速恢复，树种更加丰富，植物种类大量增加，山林色彩更加丰富，稳定性得到增强，生物多样性得到一定程度恢复。随着植被的恢复和改良，以及坡面水系等小型蓄排工程的建设，林草保存面积占宜林宜草面积的93.6%，水土流失综合治理程度达到95%，小流域内蓄水保土能力不断增强，土壤侵蚀强度基本控制在轻度以下，水土流失得到有效遏制，水土流失对下游的危害明显降低。同时小流域小气候得到有效调节，生态系统功能逐步增强，抵御自然灾害的能力逐步提高，生态环境得到明显改善。

环保部组织的县域生态环境质量状况考核中的综合指标位显示，该小流域内九曲河水系水质常年达到Ⅱ类以上（九曲河河水直接流入陡水湖），水源水质安全达标率达到100%。

(2) 人居环境美化。在整个生态清洁小流域创建过程中，由于明确了以生态修复、水土资源保护、防治面源污染和生活污水、垃圾处理为主要建设内容，特别是通过开展清洁家园、清洁田园、清洁水源活动，全力打造洁净有序、和谐宜居的美丽乡村，使园村小流域内大大小小自然村落的村容村貌和人居环境得到了全面的改善。同时，按照水利部和江西省水利厅的工作部署，在该小流域内大力开展了水生态文明乡（镇）村创建活动，流域内的园村已经被省水利厅授予了首批省级水生态文明村称号。

通过山上恢复治理，植被逐渐恢复，树种搭配更加合理，动物也有了栖息之所。生物多样性更加丰富，生态系统得到显著改善。而且流域内大批种植的枫香、木荷、深山含笑等彩色、常绿阔叶树，使原本林相单一的山地变得色彩斑斓。

通过对村庄环境进行整治，着力开展了生态修复、河道整治、房前屋后绿化、农村垃圾处理、水污染防治、农田面源污染防治等工作，使小流域面源污染明显减少，农村生活垃圾无害化处理率达到95.3%，生活污水处理率达到92.6%。

生态清洁小流域建设，让园村小流域内的村庄更加干净整洁，河畅其流、水复其清，塑造了水清、岸绿、景美的宜人环境，促进了人水和谐相处。群众深切地感觉并共享到了“青风拂绿柳，白水映红桃。舟行碧波上，人在画中游”的生态美景。

（3）乡村旅游兴起。通过生态清洁小流域建设，使小流域山更清水更绿，村庄面貌焕然一新，带动了小流域内乡村旅游蓬勃发展。

园村虽然有着丰富的旅游资源，但是一直以来发掘都不充分，通过生态清洁小流域建设后，园村已经初步建成了村庄配套功能完善、设施齐全的客家型、生态型、产业型、乡村旅游型新乡村，并获得了一系列殊荣。如今一走进园村，就能够感受到生态和谐的文明新风：观赏生态的茶园风光，品味溢香的园村茶，品味浓厚的客家文化，体验激情与挑战并存的九曲漂流，乘坐当今世界上绝无仅有的铁路珍品——森林小火车。旅游事业的发展，游客的增加也带动了园村本土茶叶品牌“犹江绿月”的发展，使园村茶销量节节上升，群众收入大幅度提高。

柏水寨基地内有种植桂花、樟树、桃树等苗木的基础条件，种植大量芝樱，建成了“芝樱花海”景点，并建设了桂花园、农情园、山水园等一系列特色旅游景观，吸引众多游客前来体验农耕种养、花卉观赏、果蔬采摘。目前，柏水寨已经成为了集生态景观欣赏、农业观光、农活体验于一体的AAAA级生态旅游基地。

（4）农业产业发展。近年来，在打造园村生态清洁小流域过程中，以建设“水土保持生态茶村”为工作定位，全力推进茶叶这一特色产业的发展，通过“公司＋基地＋合作社＋大户带农户”的产业发展模式和利用项目资金奖补的措施，全面调动了重点大户业主和当地茶农的生产积极性。茶叶成为农民增收致富的重要途径，是全县乃至全市唯一一个茶产业单项收入远远大于田上水稻收入的村，真正形成了“一村一品”茶叶专业村。全村现有茶园面积560多亩，年产茶叶30余万kg，人年均茶叶收入达130多元。2016年8月被农业部授予“全国一村一品示范村”称号。

小流域内的柏水寨苗木基地，主要种植桂花、樟树等珍贵苗木，开发治理面积126.7hm^2。该基地是采取“公司＋合作社＋基地＋农户”的运作模式开发建设的，属于上饶县现代农业产业和乡村旅游开发中的重点项目。通过在基地内建立水土流失综合防护体系，既有效防止了水土流失，提升了基地品位，也使业主增强了扩展现代农业休闲观光项目的信心。

3.4.2 宜春市靖安县宝峰镇水生态文明建设实践与成效

1. 基本情况

宝峰镇，地处靖安县东北边陲，镇域面积196.5km^2，人口8321人，辖6个行政村，70个村民小组，是江西九岭山国家级自然保护区、国家AAAA级旅游风景区的核心区，是“国家级生态乡镇”“国家级重点镇”。境内北河长33.5km，北河两岸是典型的河流湿地生态系统护岸香樟林。2015年4月，被江西省水利厅命名为第一批省级水生态文明镇。宝峰镇正全力推行水生态文明建设，努力把绿水青山转化为金山银山。

2. 主要做法

（1）成立组织机构。成立了水生态文明建设领导小组，组长由镇党委书记担任。

（2）健全基本条件。

1）确保防洪安全。集镇防洪工程满足抵御10年一遇洪水的防洪标准。对超标准洪水防御，每年都制订了防汛应急预案。

2）确保饮水安全。集中式饮用水水源地水质达标率100%，生活用水供水保证率100%。

3）强化水利管理。成立了防汛抗旱指挥部、水务站、河湖监管站等管理机构，机构制度健全，场所、人员、经费落实到位，能有效开展水利管理工作。

4）注重生态环境。集镇内建立了生活污水处理站和垃圾压缩转运站，污水处理采用“格栅＋沉砂池＋生物滤床＋人工湿地”的处理工艺，处理规模为500m^3/d。每天有组织地进行垃圾收集、转运和处理，每日处理能力为120t。

（3）完善六大体系。

1）水安全体系。新建成的集镇防洪工程达到10年一遇的防洪标准（图3.7），且防洪设施高效运转；新建成的集镇供水工程，日供水量1500t，采用了“穿孔旋流反应斜管沉淀与无阀虹吸自动反冲洗过滤”的水质沉淀过滤新方法，满足集镇及周边19个自然村6000余人的饮水安全；实施了小型农田水利重点工程改造，农田灌溉保证率达到85%以上。

图3.7 北潦河靖安段生态防洪工程

2）水环境体系。水库水产养殖全部实行人放天养的生态养殖模式，境内无规模化畜禽养殖企业；制定了《宝峰镇河湖管护体制机制创新试点暨“河长制”工作实施方案》，落实“河长制”长效管理制度，将境内河道分段管理，由镇党委书记担任乡镇级河长，共落实镇级河长1人，河段长7人，村级河长6人，巡查员12人，保洁员14人；建立了生活污水处理站和垃圾压缩转运站，污水处理规模为500m^3/d；对饮用水源地划定了保护区，在保护区设置了饮用水源地保护区指示牌和保护宣传牌，保护措施完备。

3）水生态体系。九岭山国家级自然保护区坐落其中，中东部地区种质资源库镶嵌其内，保存了中亚热带低海拔区域最典型的原生性阔叶林生态系统，拥有红豆杉、金钱松、云豹、大鲵等国家一级、二级保护动植物60余种，境内现有水生植物90余种，水生动物50种以上，北河两岸20余km的生态护岸林占河道护岸比例60%以上，绿地覆盖率达89.3%以上，有“天然氧吧”之美称。

4）水管理体系。宝峰镇成立了以镇党委书记为组长的水生态文明建设领导小组；制定了《宝峰镇河湖管护体制机制创新试点暨“河长制”工作实施方案》，推行“河长制”长效管理机制；规划编制了《宝峰镇防洪规划》《宝峰镇镇村联动建设规划》，所有规划编制都包含了水生态建设等相关内容；农田灌溉渠道均采用混凝土U形槽防渗渠道节水灌溉技术，节水灌溉率在40%以上；全镇水工程日常维护和管理由水务站专职负责，并落实了人员经费和管护经费。

5）水景观体系。镇内实行严格的污水处理和控制，沿河两岸“水、岸、滩、堤、路、景”交相辉映（图3.8），防洪与生态、景观与交通、水文化与水安全相得益彰，描绘出“一河清水、两岸秀色、三季花香、四季常青”的生态画卷。盘龙湖风景区、西坑水库度假村、神仙谷峡谷漂流、香樟林生态养老基地等一批亲水项目，构建了一个灵动靓丽、碧波荡漾的水生态文明镇。

图3.8 北潦河靖安段生态公园

6）水文化体系。镇内各校园都开展了“保护水利资源，爱护生态环境”的科普教育，每年在“世界水日”“中国水周”期间组织开展水法规、水文化宣传活动；声名远播的宝峰讲堂开讲了人水和谐一课，并挖掘出在宝峰寺内的历史水文化“龙头枧”传说，且对其采取了保护措施。

3. 主要成效

（1）以河为贵。

1）河流整治有了政策依据。宝峰镇党委政府密切联系相关部门，高度重视河道整治工作，镇内主要河道防洪规划编制工作已经接近尾声，为水生态治理做好了顶层设计。

2）防洪安全得到保障。设计防洪标准为10年一遇，主要工程为左岸堤防、河道疏浚、河心洲、溢流坝等部分。此工程大大提高了集镇防洪能力，保障了集镇3000余人生命财产安全，也成为集镇一道靓丽的风景线。

3）清洁能源持续发力。积极开展清洁能源电站建设，全镇有水电站4座，其中建设的洪屏电站，是亚洲最大的抽水蓄能电站，一期装机容量120万kW，有效降低了火力发电压力，促进了节能减排。电站水库也在调洪御洪中发挥了较大作用。

4）生态保护有成效。宝峰明确沿河两岸所看见的第一层山脊范围内不准砍伐阔叶林，沿河两岸不准大规模饲养，不准在北河毒鱼电鱼，重污染企业搬迁，控制河道采砂作业，山塘水库退出养殖等，有效保护了河流健康。

（2）以水为宝。

1）农村饮水安全得到保障。结合镇村联动建设，改扩建集镇自来水厂，自来水普及率达100%，生活供水保障率达100%。

2）污水得到及时治理。宝峰镇境内河流、水库水体清澈、无漂浮物、无垃圾堆积，水质检测为Ⅱ类水质。结合新农村建设，全镇已有5个污水处理厂投入使用，以往农村污水横流的面貌一去不返。同时，垃圾能够集中收集并压缩转运，无乱倒、乱堆积现象。

3）水库成了水景观。镇内周郎村西坑水库已建成古建筑群环绕的优美的水景观。集镇防洪堤与河心州湿地公园以及左岸马祖广场将形成集镇核心景观。小湾水库与仿古装饰的大坝交相辉映，是一处待提升打造的水资源亮点。

（3）以水文化为魂。

1）水生态文明理念深入人心。宝峰镇通过多种方式大力宣传，提高群众节水意识，提升公众对水生态文明建设的认知、认可，自觉形成亲水、爱水、护水的良好氛围。

2）水文化活动初见成效。宝峰农宿文化节增加涉水比赛，如赛龙舟、漂流、游泳等，通过旅游带动了水文化产业的发展。

第4章 水 资 源

4.1 水资源管理制度

水是生命之源、生产之要、生态之基。中华人民共和国成立以来特别是改革开放以来，水资源开发、利用、配置、节约、保护和管理工作取得显著成绩，为经济社会发展、人民安居乐业作出了突出贡献。但同时需要警醒和关注的是，我国不仅仅存在人多水少、水资源时空分布不均等问题，而且水资源短缺、水污染严重、水生态恶化等问题也十分突出，已成为制约经济社会可持续发展的主要瓶颈。如此严峻的水情形势促使一系列水资源管理制度的制定和出台。

4.1.1 水资源管理存在的问题

1. 管理法制不完善，职能管辖范围不明确

目前我国在管理水资源方面虽然逐渐实施了《水污染防治法》《水法》《防洪法》《水土保持法》等系列法律，但是可操作性、适用性并不强，因为没有制定完备的法规体系以及配套的规章，导致影响了相关法律的实施效果。在地方上的法律实践中，有些与水资源管理相关的法律条文已经无法适应当前及今后管理发展的需要，水资源统一管理机制并未完全建立。对于企业和个人的奖惩条例不明确，其执行也不彻底，诸如向水体超排污水、河道非法采砂等现象屡见不鲜。

从当前的实际情况来看，在水资源管理工作中很多地区的职能管辖范围都不是十分清晰，经常出现重叠管辖或者无人管辖的情况。例如：黄河经过的地区较多，其流域管辖工作由不同的地区和省份分别承担，这在实际工作中存在因划分不明确而带来的问题。黄河上游的用户占用下游的水资源，导致矛盾的产生，由于城市的发展快于农村，很多地区的水资源优先让渡给城市使用，而忽视了农村的生活用水和灌溉用水等问题，造成很多农村地区的用水量得不到保证，农户不满的情绪日渐加深。

2. 体制改革不到位，机制不灵活

目前进行的水资源管理体制改革忽略了水资源的整体性，违背了水资源的自然循环规律，人为地对其进行强制性分割，造成水资源分割不明确、管理不够彻底的局面。主管水利的各个部门之间相互推诿推卸责任，已经成为影响我国水资源管理工作取得进展的一个主要障碍。出了问题相互推诿严重影响办事效率，导致水资源管理问题越来越严重。例如：环保部门和水利部门都是重要的水资源管理机关，我国法律明确规定，环保部门主要负责水体污染的预防和应对，水利部门主要负责水资源的开发和利用。在实际中，很多工程需要环保部门和水利部门的共同参与，协商制定整体规划。但是由于权责不清，在对实

际问题做出决策时，两个部门都不想承担责任，于是出现互相推诿的现象，导致行政效率大大降低。

3. 亟须新理念和新科技

经济社会的快速发展给现代水资源管理带来了一系列压力和挑战，传统的水资源管理模式已经无法满足其管理需求，亟须改革创新，迫切期待新理论、新技术的投入。当前，水资源管理已从传统的以水为中心的命令控制型模式转向公共参与协调、多部门和不同利益团体共同协作的新型模式。全球水伙伴（The Global Water Partnership，GWP）要求新的水资源管理模式既要体现基于人文尺度发展的思想，注重公共参与协调、利益团体协作，使得水资源的管理模式从传统上命令控制型的自上而下，转向注重参与协作的自下而上；又要重视地区水与生态、社会经济系统的相互联系，同时考虑水资源的自然、社会、经济属性，将对策措施从水资源系统扩展到社会经济系统。另外，随着计算机、遥感、地理信息系统等技术的迅速发展，传统水科学与信息技术密切相关。具有强大的空间分析和可视化表达能力的GIS技术，能够快速、直观、多角度地分析水环境各要素的空间分布与时间变异特征，使水环境管理和综合决策向科学化、信息化和空间化方向发展。国外已经成功开发出一系列水资源管理模型，如SWAT、MIKE BASIN、DPSIR等，这些模型在水资源评价、规划管理、优化配置以及面源污染防治等方面取得了丰硕的成果，我国需结合实际的水资源问题，开发或改进模型，提高管理效率。

4.1.2 最严格水资源管理制度

1. 制定背景

水资源、粮食和石油是国家的三大战略资源，不同国家不同时期都十分重视水资源的管理和治理。随着工业化、城镇化深入发展，水资源需求持续增长，水资源供需矛盾不断深化，我国水资源面临的形势十分严峻。具体表现为五大方面：

1）水少。我国人均水资源量只有2100m^3，仅为世界人均水平的28%，比人均耕地占比还要低12个百分点；全国年平均缺水量500多亿m^3，2/3的城市缺水。

2）饮水成问题。农村有近3亿人口饮水不安全；2010年38.6%的河长劣于Ⅲ类水。

3）利用率低。我国水资源利用方式比较粗放，农田灌溉水有效利用系数仅为0.50，与世界先进水平0.7～0.8有较大差距。

4）开发过度。黄河流域开发利用程度已经达到76%，淮河流域达到了53%，海河流域更是超过了100%，已经超过承载能力，引发了一系列生态环境问题。

5）水体污染严重。水功能区水质达标率仅为46%，2/3的湖泊富营养化，城市黑臭河道不计其数。

为了解决人水矛盾，就必须加强水资源的统一管理、科学管理，以达到合理使用和有效保护水资源，促进水资源可持续利用，实现人水和谐。最严格水资源管理是在人水矛盾日益突出、水资源问题日益严重、水资源管理需求日益滞后的情形下提出的一项重要管理措施。最严格水资源管理制度在我国政府层面于2009年最早提出。时任国务院副总理回良玉在2009年全国水利工作会议上提出了“必行最严格的水资源管理制度”，水利部部长陈雷在2009年全国水资源工作会议上再次提出了“实行最严格水资源管理制度”，2011

年中央一号文件《中共中央 国务院关于加快水利改革发展的决定》提出了“三条红线”和“四项制度”。在《国务院关于实行最严格水资源管理制度的意见》（国发〔2012〕3号）文件中又对“三条红线”“四项制度”作出具体部署，明确提出“三条红线”的具体目标值以及“四项制度”的具体实施措施。“三条红线”“四项制度”是实行最严格水资源管理制度的核心内容，基本诠释了最严格水资源管理制度的轮廓框架。

2.“三条红线”

“三条红线”一是确立水资源开发利用控制红线，到2030年全国用水总量控制在7000亿m^3以内。二是确立用水效率控制红线，到2030年用水效率达到或接近世界先进水平，万元工业增加值用水量降低到40m^3以下，农田灌溉水有效利用系数提高到0.6以上。三是确立水功能区限制纳污红线，到2030年主要污染物入河湖总量控制在水功能区纳污能力范围之内，水功能区水质达标率提高到95%以上。为实现上述红线目标，进一步明确了2015年和2020年水资源管理的阶段性目标。“三条红线”是应对水循环过程中“取水”“用水”“排水”三个环节出现的“开发利用总水量过大”“用水浪费严重”“排污总量超出承受能力”而进行的“源头管理”“过程管理”和“末端管理”。因此，“三条红线”是相互联系的一个整体，是一个全面解决水问题的系统，不能仅偏向某一方面。“三条红线”政策出台后，各地方积极响应，也制定了当地的红线。例如：2013年省政府下达昆明市“三条红线”控制指标为：用水总量控制指标，到2015年、2020年、2030年全市用水总量应分别控制在25.7亿m^3、33.88亿m^3、37.08亿m^3以内。用水效率控制指标，到2015年全市万元工业增加值用水量要降低到60m^3/万元以下，农田灌溉水有效利用系数要提高到0.52以上。水功能区限制纳污控制指标，到2015年列入省级考核的26个水功能区水质达标率提高到62%以上，列入省级考核的16个重要饮用水源地达标率提高到90%以上。

“三条红线”贯穿并体现了水资源可持续利用和人水和谐的思想，为水资源综合管理实践指明了方向并建立了重点。许多学者和决策部门根据“三条红线”研究出许多水资源管理的支撑技术和评价指标体系。例如：王浩院士总结出了实行最严格水资源管理制度的八大关键技术，即二元水循环模式与社会水循环原理、全口径水资源层次化评价方法、二元水循环机器伴生过程综合模拟技术、水资源大系统多维分析技术、水资源量质联合配置技术、复杂水资源系统多目标综合调度技术、水资源信息管理与数字流域技术、水资源管理经济调节技术。下文将给出北京市水资源管理“三条红线”指标体系构建实例。

实例：北京市水资源管理“三条红线”指标体系

（1）构建原则。

1）综合性原则。水资源管理“三条红线”涉及水资源条件、水资源配置格局和开发利用程度、经济社会发展水平、生态环境保护程度、水环境状况等多个方面，而这些方面之间存在十分复杂的联系，因此选取的指标应对现代环境下水资源的多属性特征进行全面描述。

2）可度量性原则。水资源管理“三条红线”指标要能够进行数值计算，易获取，可量化，可操作。例如：用水效率红线方面，可用节水设施配套维护情况指标表示，但是考虑到节水设施配套维护情况表征方式繁多，不易定量化，即不具有可操作性。相比而言，管网漏失率则更容易定量表示输水管道的维护状况。

3）代表性原则。影响水资源管理的因素多，与之对应的描述指标也多。从实用、可操作的角度看，指标不宜过多、过滥，应选择有代表性的主要指标构建指标体系。代表性指标选取还应具有方向性和独立性，即能够对水资源管理提供指导，并且指标间应具有独立性或弱关联性。

4）层次性原则。水资源管理指标涉及多方面，每一方面又存在诸多影响因素。对于这些方面及其影响因素均可以分别提出相应的指标进行表征。显然，这些指标存在着层次和隶属关系。

（2）指标体系。

"三条红线"指标体系分为目标层、准则层和指标层三个层级。目标层指标对应水资源开发利用、用水效率和水功能区限制纳污三个准则层；通过问卷调查，征询北京市水务局、北京市环保局、北京市水文总站、北京市水科学技术研究院等有关专家领导的建议等方式，可获得对北京市水资源管理现状有表征作用的30个变量（表4.1）。

表4.1　水资源管理"三条红线"指标体系

目标层	准则层	指标层	指标编号
"三条红线"水资源管理指标体系	开发利用	用水总量	A1
		工业用水量	A2
		农业用水量	A3
		居民生活用水量	A4
		地下水水位	A5
		外调水利用率	A6
		水资源开发利用率	A7
		地下水开采模数	A8
		实灌率	A9
		综合耗水率	A10
		生态环境用水量	A11
	用水效率	万元工业增加值用水量	B1
		农业灌溉水利用系数	B2
		人均生活用水量	B3
		管网漏失率	B4
		再生水使用比例	B5
		万元GDP用水量	B6
		万元农业产值用水量	B7
		工业用水重复利用率	B8
		用水模数	B9
		工业产品用水定额	B10

续表

目　标　层	准则层	指 标 层	指标编号
"三条红线"水资源管理指标体系	水功能区限制纳污	河段水质达标率	C1
		水库水质达标率	C2
		湖泊达标率	C3
		COD 排放量	C4
		氨氮排放总量	C5
		城六区污染河流湖泊面积比例	C6
		工业污水达标排放率	C7
		污水集中处理率	C8
		污水处理达标排放率	C9

根据 30 位水资源专家打分的结果，进行层次分析总排序：由高层次到低层次逐层计算各层次所有因素对于最高层（总目标）相对重要性的排序权值。得到三个准则层各指标的权重，见表 4.2。

表 4.2　　各准则层指标权重

开发利用准则层指标	权重	用水效率准则层指标	权重	限制纳污准则层指标	权重
用水总量	0.295	万元工业增加值用水量	0.302	河段水质达标率	0.322
工业用水量	0.220	农业灌溉水利用系数	0.205	水库水质达标率	0.209
农业用水量	0.148	人均生活用水量	0.151	湖泊达标率	0.153
居民生活用水量	0.121	管网漏失率	0.121	COD 排放量	0.113
地下水水位	0.075	再生水使用比例	0.074	氨氮排放总量	0.092
外调水利用率	0.042	万元 GDP 用水量	0.049	城六区污染河流湖泊面积比例	0.037
水资源开发利用率	0.027	万元农业产值用水量	0.040	工业污水达标排放率	0.034
地下水开采模数	0.025	工业用水重复利用率	0.028	污水集中处理率	0.026
实灌率	0.019	用水模数	0.017	污水处理达标排放率	0.015
综合耗水率	0.015	工业用水定额	0.014		
生态环境用水量	0.013				

结合水资源管理实际情况及监管的可操作性，第一阶段选取权重和大于 25%的指标作为监管指标，第二阶段选取权重和大于 60%的指标作为监管指标，第三阶段选取权重和大于 85%的指标作为监管指标。筛选结果见表 4.3。

3. "四项制度"

"四项制度"分别表述如下：

（1）用水总量控制。加强水资源开发利用控制红线管理，严格实行用水总量控制，包括严格规划管理和水资源论证，严格控制流域和区域取用水总量，严格实施取水许可，严格水资源有偿使用，严格地下水管理和保护，强化水资源统一调度。

表 4.3 各准则层分阶段监管指标

阶段	开发利用	用水效率	限制纳污
2011—2015 年	用水总量	万元工业增加值用水量	河段水质达标率
2016—2020 年	用水总量	万元工业增加值用水量	河段水质达标率
	工业用水量	农业灌溉水利用系数	水库水质达标率
	农业用水量	人均生活用水量	湖泊水质达标率
2021—2025 年	用水总量	万元工业增加值用水量	河段水质达标率
	工业用水量	农业灌溉水利用系数	水库水质达标率
	农业用水量	人均生活用水量	湖泊水质达标率
	居民生活用水量	管网漏失率	COD 排放量
	地下水水位	再生使用水比例	氨氮排放总量

(2) 用水效率控制制度。加强用水效率控制红线管理，全面推进节水型社会建设，包括全面加强节约用水管理，把节约用水贯穿于经济社会发展和群众生活生产全过程，强化用水定额管理，加快推进节水技术改造。

(3) 水功能区限制纳污制度。加强水功能区限制纳污红线管理，严格控制入河湖排污总量，包括严格水功能区监督管理，加强饮用水水源地保护，推进水生态系统保护与修复。

(4) 水资源管理责任和考核制度。将水资源开发利用、节约和保护的主要指标纳入地方经济社会发展综合评价体系，县级以上人民政府主要负责人对本行政区域水资源管理和保护工作负总责。

4.2 水生态保护补偿制度

4.2.1 我国水生态保护补偿制度

如今，水资源严格管理已经成为新时期我国流域水生态环境保护的主要任务。生态补偿作为一种新型的环境管理手段，以保护和可持续利用生态系统服务为目的，旨在调节生态环境保护中各种利益关系。实施生态保护补偿是调动各方积极性、保护好生态环境和生态文明制度建设的重要内容。近年来，各地区、各有关部门有序推进生态保护补偿机制建设，取得了阶段性进展。但总体看，生态保护补偿的范围仍然偏小、标准偏低，保护者和受益者良性互动的体制机制尚不完善，一定程度上影响了生态环境保护措施行动的成效。为进一步健全生态保护补偿机制，加快推进生态文明建设，我国水生态保护补偿制度初步形成。下面将简要介绍我国水生态保护补偿制度建设情况。

1. 基本原则

(1) 权责统一、合理补偿。谁受益、谁补偿。科学界定保护者与受益者权利义务，推进生态保护补偿标准体系和沟通协调平台建设，加快形成受益者付费、保护者得到合理补偿的运行机制。

（2）政府主导、社会参与。发挥政府对生态环境保护的主导作用，加强制度建设，完善法规政策，创新体制机制，拓宽补偿渠道，通过经济、法律等手段，加大政府购买服务力度，引导社会公众积极参与。

（3）统筹兼顾、转型发展。将生态保护补偿与实施主体功能区规划、西部大开发战略和集中连片特困地区脱贫攻坚等有机结合，逐步提高重点生态功能区等区域基本公共服务水平，促进其转型绿色发展。

（4）试点先行、稳步实施。将试点先行与逐步推广、分类补偿与综合补偿有机结合，大胆探索，稳步推进不同领域、区域生态保护补偿机制建设，不断提升生态保护成效。

2. 目标任务

到2020年，实现森林、草原、湿地、荒漠、海洋、水流、耕地等重点领域和禁止开发区域、重点生态功能区等重要区域生态保护补偿全覆盖，补偿水平与经济社会发展状况相适应，跨地区、跨流域补偿试点示范取得明显进展，多元化补偿机制初步建立，基本建立符合我国国情的生态保护补偿制度体系，促进形成绿色生产方式和生活方式。

3. 分领域重点任务

（1）森林。健全国家和地方公益林补偿标准动态调整机制。完善以政府购买服务为主的公益林管护机制。合理安排停止天然林商业性采伐补助奖励资金。

（2）草原。扩大退牧还草工程实施范围，适时研究提高补助标准，逐步加大对人工饲草地和牲畜棚圈建设的支持力度。实施新一轮草原生态保护补助奖励政策，根据牧区发展和中央财力状况，合理提高禁牧补助和草畜平衡奖励标准。充实草原管护公益岗位。

（3）湿地。稳步推进退耕还湿试点，适时扩大试点范围。探索建立湿地生态效益补偿制度，率先在国家级湿地自然保护区、国际重要湿地、国家重要湿地开展补偿试点。

（4）荒漠。开展沙化土地封禁保护试点，将生态保护补偿作为试点重要内容。加强沙区资源和生态系统保护，完善以政府购买服务为主的管护机制。研究制定鼓励社会力量参与防沙治沙的政策措施，切实保障相关权益。

（5）海洋。完善捕捞渔民转产转业补助政策，提高转产转业补助标准。继续执行海洋伏季休渔渔民低保制度。健全增殖放流和水产养殖生态环境修复补助政策。研究建立国家级海洋自然保护区、海洋特别保护区生态保护补偿制度。

（6）水流。在江河源头区、集中式饮用水水源地、重要河流敏感河段和水生态修复治理区、水产种质资源保护区、水土流失重点预防区和重点治理区、大江大河重要蓄滞洪区以及具有重要饮用水源或重要生态功能的湖泊，全面开展生态保护补偿，适当提高补偿标准。加大水土保持生态效益补偿资金筹集力度。

（7）耕地。完善耕地保护补偿制度。建立以绿色生态为导向的农业生态治理补贴制度，对在地下水漏斗区、重金属污染区、生态严重退化地区实施耕地轮作休耕的农民给予资金补助。扩大新一轮退耕还林还草规模，逐步将25°以上陡坡地退出基本农田，纳入退耕还林还草补助范围。研究制定鼓励引导农民施用有机肥料和低毒生物农药的补助政策。

4. 推进体制机制创新

（1）建立稳定投入机制。多渠道筹措资金，加大生态保护补偿力度。中央财政考虑不同区域生态功能因素和支出成本差异，通过提高均衡性转移支付系数等方式，逐步增加对重点生态功能区的转移支付。中央预算内投资对重点生态功能区内的基础设施和基本公共服务设施建设予以倾斜。各省级人民政府要完善省以下转移支付制度，建立省级生态保护补偿资金投入机制，加大对省级重点生态功能区域的支持力度。完善森林、草原、海洋、渔业、自然文化遗产等资源收费基金和各类资源有偿使用收入的征收管理办法，逐步扩大资源税征收范围，允许相关收入用于开展相关领域生态保护补偿。完善生态保护成效与资金分配挂钩的激励约束机制，加强对生态保护补偿资金使用的监督管理。

（2）完善重点生态区域补偿机制。继续推进生态保护补偿试点示范，统筹各类补偿资金，探索综合性补偿办法。划定并严守生态保护红线，研究制定相关生态保护补偿政策。健全国家级自然保护区、世界文化自然遗产、国家级风景名胜区、国家森林公园和国家地质公园等各类禁止开发区域的生态保护补偿政策。将青藏高原等重要生态屏障作为开展生态保护补偿的重点区域。将生态保护补偿作为建立国家公园体制试点的重要内容。

（3）推进横向生态保护补偿。研究制定以地方补偿为主、中央财政给予支持的横向生态保护补偿机制办法。鼓励受益地区与保护生态地区、流域下游与上游通过资金补偿、对口协作、产业转移、人才培训、共建园区等方式建立横向补偿关系。鼓励在具有重要生态功能、水资源供需矛盾突出、受各种污染危害或威胁严重的典型流域开展横向生态保护补偿试点。在长江、黄河等重要河流探索开展横向生态保护补偿试点。继续推进南水北调中线工程水源区对口支援、新安江水环境生态补偿试点，推动在京津冀水源涵养区、广西广东九洲江、福建广东汀江—韩江、江西广东东江、云南贵州广西广东西江等开展跨地区生态保护补偿试点。

（4）健全配套制度体系。加快建立生态保护补偿标准体系，根据各领域、不同类型地区特点，以生态产品产出能力为基础，完善测算方法，分别制定补偿标准。加强森林、草原、耕地等生态监测能力建设，完善重点生态功能区、全国重要江河湖泊水功能区、跨省流域断面水量水质国家重点监控点位布局和自动监测网络，制定和完善监测评估指标体系。研究建立生态保护补偿统计指标体系和信息发布制度。加强生态保护补偿效益评估，积极培育生态服务价值评估机构。健全自然资源资产产权制度，建立统一的确权登记系统和权责明确的产权体系。强化科技支撑，深化生态保护补偿理论和生态服务价值等课题研究。

（5）创新政策协同机制。研究建立生态环境损害赔偿、生态产品市场交易与生态保护补偿协同推进生态环境保护的新机制。稳妥有序开展生态环境损害赔偿制度改革试点，加快形成损害生态者赔偿的运行机制。健全生态保护市场体系，完善生态产品价格形成机制，使保护者通过生态产品的交易获得收益，发挥市场机制促进生态保护的积极作用。建立用水权、排污权、碳排放权初始分配制度，完善有偿使用、预算管理、投融资机制，培育和发展交易平台。探索地区间、流域间、流域上下游等水权交易方式。推进重点流域、重点区域排污权交易，扩大排污权有偿使用和交易试点。逐步建立碳排放权交易制度。建立统一的绿色产品标准、认证、标识等体系，完善落实对绿色产品研发生产、运输配送、购买使用的财税金融支持和政府采购等政策。

（6）结合生态保护补偿推进精准脱贫。在生存条件差、生态系统重要、需要保护修复的地区，结合生态环境保护和治理，探索生态脱贫新路子。生态保护补偿资金、国家重大生态工程项目和资金按照精准扶贫、精准脱贫的要求向贫困地区倾斜，向建档立卡贫困人口倾斜。重点生态功能区转移支付要考虑贫困地区实际状况，加大投入力度，扩大实施范围。加大贫困地区新一轮退耕还林还草力度，合理调整基本农田保有量。开展贫困地区生态综合补偿试点，创新资金使用方式，利用生态保护补偿和生态保护工程资金使当地有劳动能力的部分贫困人口转为生态保护人员。对在贫困地区开发水电、矿产资源占用集体土地的，试行给原住居民集体股权方式进行补偿。

(7) 加快推进法制建设。研究制定生态保护补偿条例。鼓励各地出台相关法规或规范性文件，不断推进生态保护补偿制度化和法制化。加快推进环境保护税立法。

5. 加强组织实施

(1) 强化组织领导。建立由国家发展和改革委员会、财政部会同有关部门组成的部际协调机制，加强跨行政区域生态保护补偿指导协调，组织开展政策实施效果评估，研究解决生态保护补偿机制建设中的重大问题，加强对各项任务的统筹推进和落实。地方各级人民政府要把健全生态保护补偿机制作为推进生态文明建设的重要抓手，列入重要议事日程，明确目标任务，制定科学合理的考核评价体系，实行补偿资金与考核结果挂钩的奖惩制度。及时总结试点情况，提炼可复制可推广的试点经验。

(2) 加强督促落实。各地区、各有关部门要根据本意见要求，结合实际情况，抓紧制定具体实施意见和配套文件。国家发展改革委、财政部要会同有关部门对落实本意见的情况进行监督检查和跟踪分析，每年向国务院报告。各级审计、监察部门要依法加强审计和监察。切实做好环境保护督察工作，督察行动和结果要同生态保护补偿工作有机结合。对生态保护补偿工作落实不力的，启动追责机制。

(3) 加强舆论宣传。加强生态保护补偿政策解读，及时回应社会关切。充分发挥新闻媒体作用，依托现代信息技术，通过典型示范、展览展示、经验交流等形式，引导全社会树立生态产品有价、保护生态人人有责的意识，自觉抵制不良行为，营造珍惜环境、保护生态的良好氛围。

4.2.2 国外水生态补偿制度借鉴

目前，我国在流域生态补偿方面，理论、技术和制度建设还不成熟。国外流域生态补偿制度的发展较早，有一些成熟的操作方法和实践举措可为我国在流域生态补偿法律制度建构方面提供借鉴。国外生态补偿的主要方式可分为两大类：一类是政府直接公共补偿的生态补偿，又称为政府购买为主导或公共支付体系；另一类为市场模式的生态补偿，如自发组织的私人交易，开放的市场贸易，生态标记以及使用者付费等方式。其中，政府在生态补偿机制中起着中介的作用，市场机制的作用日益显著。

1. 完善的法律体系是水生态补偿的前提

国外典型流域生态补偿实例取得成功的前提条件是完善的法律体系。英国保护生物多样性生态补偿计划以《流域管理条例》和《野生动植物和农村法》等法律为基础，哥斯达黎加生态补偿以《森林法》等为依据，美国颁布了《田纳西河流域管理法》等。由此，包括流域管理的专门法规和水资源保护与污染防治法规在内的完善的流域生态补偿法律体系是进行流域生态补偿的前提条件，通过法律法规界定流域生态补偿框架体制机制，规范生态补偿行为和生态服务行为。如《欧盟水框架指令》提出了2015年以前实现欧洲“良好水状态”的环境目标，严格遏制地下水超采的现象，整个欧洲将采用统一的水质标准。

目前我国已经初步建立了包括《环境保护法》《水污染防治法》《水土保持法》《生态补偿条例》等流域生态补偿法律法规体系，同时明确了资源环境利用权利和义务等法律制度。但目前我国关于流域生态补偿的相关法律和制度还不够成熟，仍需要进一步的修订和完善。并且生态补偿条款比较分散，适用性不强，缺乏一定的针对性和系统性，执行难度很大。部分法律由于没有及时的配套措施，在落实的过程中困难重重。虽然在2014年修订并于2015年1月1日始实施的新《环境保护法》第三十一条明确提出建立健全生态补偿法律制度，但对流域生态补偿中各方利益相关者的权利与义务及责任界定，补偿内容等方式和标准规定并不明确。在内容上有一定的缺陷，没有做到像哥斯达黎加森林生态补偿制度一样对生态补偿主体、客体、标准等清晰的界定。因此，法律法规建设是建立流域生态补偿制度的首要问题。

2. 水权清晰界定是水生态补偿的基础

国际流域生态补偿实例能够取得成功的重要原因主要有以下几点：

首先在于实施流域生态补偿国家的产权制度比较完善。产权明晰有效促进了生态补偿市场交易的进行，如澳大利亚控制流域土壤盐分生态补偿，法国水质付费生态补偿和哥斯达黎加森林生态效益补偿等，皆因资源产权制度明确，而有效利用市场手段进行资源保护。

其次是政府生态服务或生态产品支付能力强。根据公共信托理论，政府是公共资源的管理者，有义务增加全社会生态产品，提高生态服务。所以政府支付能力强，有高额的财政收入，对重要的生态服务可以进行购买，支付资源所有者或资源利用权利人生态补偿费用。

最后是国外较为成熟的社会参与协商机制。水权清晰界定后，权利人可通过参与协商机制在生态补偿政策实施中切实表明各自的立场等。

由此，要实行流域水资源的生态补偿制度，很大程度依赖于能够将水资源在不同时间配置于不同部门和地区的水资源市场，水权的清晰界定是水资源市场形成的先决条件。由于水资源流动性较强，流域生态系统服务的跨区域流动性较为显著，上游粗放式的资源利用，致使下游地区水资源短缺及水环境污染严重形势越来越重，应通过生态补偿的方式，促使上游土地持有者改变土地利用方式，转变传统的工农业生产经营方式，促进流域生态系统服务的改善，下游人群将因上游提供的生态系统服务而改善了福利。

我国流域面积大，部分流域跨度较大并涉及较多的行政区域和管理部门。考虑到社会经济条件，尤其是市场经济发育程度的差异，我国需要清晰的界定水权，作为流域生态补偿的基础；但是考虑到水资源具有流动性与系统性，单一的水权界定和规制机制难以有效解决水资源问题。《中华人民共和国宪法》规定，我国水资源所有权归国家所有，所以应明确水资源的使用权，水资源的收益权，水资源的转让权，才能实现水权的界定对水资源有效配置的推动作用。

3. 补偿标准的确定是水生态补偿的核心

如何科学合理的确定补偿的标准，是进行流域生态补偿的重点和难点。国外生态补偿成功案例中，不论是政府直接公共补偿的生态补偿，还是市场模式的生态补偿，其关键环节均为生态补偿标准的合理界定。这主要是因为生态补偿标准是资源利用与生态服务提供者之间利益平衡的主要内容。生态补偿标准确定的合理，可推进生态补偿制度的不断实施。如美国纽约市政府考虑与上游进行水权交易，决定在10年内投入10亿～15亿美元对上游Catskills流域投资以改善流域内的土地利用和生产方式；哥斯达黎加森林生态补偿中，通过植树提供环境服务的私有土地主可以得到约540美元/hm^2的补助、保护和恢复森林提供环境服务的私有土地主可以得到平均210美元/hm^2的补助等标准，规范森林所有者的生态服务行为。国外的生态补偿标准确定中主要采用机会成本法，主要考虑流域保护地区政府、企业和个人因土地利用方式和水资源利用方式的转变而丧失了发展机会的成本损失（无形的经济投入产出）。此外，流域生态补偿标准的确定还应考虑物价波动、支付主体的支付能力等各方面的相关因素。由此，要实现上下游地区的平等生存权和发展权，公正的补偿标准能更科学合理的促进公平，达到生态补偿的目标。

4. 政府与市场相辅相成是水生态补偿的主要路径

流域生态补偿是在水资源日益稀缺和水污染日趋严重的情势下，为提高水资源和水环境利用效率，在不影响经济社会发展的同时产出更多生态产品，提供更多生态服务为目的建立的一种机制。流域生态补偿可以理解为购买生态服务的经济支付，而国家及地方政府是公共资源的管理者，需要为这一服务进行支付，所以，流域生态补偿中，政府是公共补偿的主体。本文阐述的英国保护生物多样性生态补偿、德国易北河流域生态补偿等均为政府主导的生态补偿。

从世界各国生态补偿的成功经验来看，世界各国在进行生态补偿时充分发挥了市场机制的作用。市场机制的主体的确定主要是参照生态环境的供给和收益，而不是政府通过强制命令加以控制，生态补偿主体既可以是生态环境的供给者，也可以是生态环境的受益者或政府。如哥斯达黎加森林生态补偿、法国水质付费生态补偿以及澳大利亚控制流域土壤盐分生态补偿等，充分利用市场机制的作用，达到资源的优化配置。市场机制使生态补偿从政府单一主体向社会多元主体转变，从财政单一渠道向多元渠道转变，扩宽生态补偿资金渠道的同时，增强了大众的生态环境成本概念和保护生态环境意识。我国生态补偿市场机制还不够完善，在未来发展中有待加强。

因此，流域生态补偿有政府为主体的政府补偿和以市场为主体的市场补偿两种形式，两种形式相辅相成是生态补偿的主要路径。政府侧重维护国家或地区生态环境利益而进行的生态补偿，主要采用财政转移支付、政策补偿、生态补偿基金等方式。这些方式带有一定的强制性，但往往运行成本较高；市场补偿是在产权明晰的情况下，进行的产权交换，完全由政府主导，带有一定的资源性。但可达到资源优化配置，以较低的总成本实现生态产品与生态服务的供给。

目前，我国的生态补偿模式以政府为主导，根据涉及区域问题范围的大小，确定不同级别政府介入的不同程度。政府干预是市场进入良性循环的前提，是市场正常稳定运行的关键。生态补偿作为一种市场经济手段，是市场竞争规则的制定者，也是市场竞争的执法者，具有维持市场稳定方面有重要作用。政府补偿主要是通过政府的财政转移支付和政策扶植等方式来实施水资源和环境保护的补偿机制。

5. 区域合作机制是水生态补偿的重要保障

发达国家经验显示，流域生态补偿涉及了多方利益主体，是一个综合与复杂的工程。区域合作机制统筹兼顾各参与方利益，提高了流域治理决策的科学性与民主性，是生态补偿的重要保障。水的流动性、污染物的扩散性以及环境影响的区域性，导致流域生态补偿没有完全的地理界线，政府在解决外部性问题上会存在较大缺陷，因此，需要政府间进行区域合作，促进生态补偿机制顺利实施。德国易北河的流域生态补偿政策是比较典型的区域合作成功范例。1990 年易北河上游国家捷克和下游国家德国达成了共同整治易北河的协议，旨在通过区域合作的方式进行生态补偿。区域合作机制是一个有机联系的整体，合作内容十分丰富。区域合作机制消除了生态补偿的区域行政壁垒，提供了区域间差异的公共物品，创造了区域自由的外部环境，加强了地域间要素的流动和整合，通过区域合作来明确各主体权责分工，推动产业结构的调整和升级，降低资源利用强度和污染强度，推进流域资源持续发展。

目前，我国流域生态补偿的区域合作机制在实施过程中还存在着一些制约因素：首先是行政管理体制的制约，我国行政管理体制是纵向管理，没有同级行政区横向联系与合作的优势，行政管理体制造成的条块分割，各行政区独立的财政体制必然以地方的经济发展为目标，因此会产生行政区域之间生态合作的壁垒；其次是在以 GDP 为主要衡量政绩指标的体制下，受行政区利益保护主义的制约，各行政区追求利益最大化，而生态保护并不能以定量的指标来体现收益，地方保护主义的出现使上下游或左右岸政府极易从狭隘的部门利益出发，制约行政区间的生态补偿合作协议，从而不利于流域生态保护与修复。

4.3 水生态相关的法律法规

当前，工业用水、生活用水、农业用水等多种用水需求，造成水资源日趋紧张。此外，粗放型的经济发展和瑕疵的污水处理技术，导致用水安全性难以保障。水资源和水环境的问题正是生态现状的一个缩影。为了建设良好的生态环境，给予经济发展足够的内生和外在动力，继党的十七大提出了“建设生态文明”和“生态文明观念在全社会牢固树立”的目标之后，以习总书记为核心的党中央将生态文明写入党的文件，与政治文明、精神文明、文化文明和社会文明共同构成治国的核心目标。在生态文明建设的大格局下，从制度保障立场细化水生态文明建设的精神要求，主要体现在以下两个向度：一是以水资源保护为导向的制度设计，水资源保护的核心制度是最严格的水资源管理制度，通过红线制度的实施，构建水资源配置、许可、有偿使用等多种活动方式，从严使用水资源；二是以水资源修复为目标的制度构建，水资源修复的主要方式是强化功能区的动态监测，以排污总量制度为中心，防止水资源的再破坏，并采取河湖健康评估、保护防护林等举措，加快水资源修复的进度。从水资源的防护和修复两条主线出发，不难发现举措的多样性。然而，举措如何落地生根、如何能够协调多元主体的利益，则需要通过法律的控制加以平衡。但目前少有学者对如何以水生态文明法治来保障水生态文明建设的实现做出具体的设计。尽管从中央到地方，均有贯彻水生态文明理念的具体措施，但是形成统一的法律控制体系对于水生态文明理念的落地生根是至关重要的。只有通过法律的安定性，才能给予个人、企业行为的指导，比如引导企业产业结构转型。此外，水资源的配置和保护，多有政府干预的色彩，法治体系的建设能成为公民和经济组织体合法权益的“防弹衣”。

4.3.1 国外水生态法制借鉴

我国的水生态文明立法起步较发达国家晚，因此通过对发达国家水生态立法进行梳理，可以吸取和借鉴有益的经验，对进一步完善我国水生态文明立法具有积极的意义。考虑到水生态保护的地域特色，以下特选取隶属美洲、亚洲、欧洲的国家和地区进行考察。

位于北美洲的美国，因国家分权制度和法律体系的特征，环境立法呈现联邦和州二元立法的样态，并已构成保护生态环境的法律样本。由于美国联邦政府对于环境保护强有力的规制力度，因此本文主要关注美国联邦政府层面的立法。美国环境保护的主要立法，均在美国自由主义盛行的20世纪六七十年代颁布，包括美国《清洁空气法》（1963年）、《国家环境政策法》（1969年）、《濒危物种法》（1973年）、《安全饮水法》（1974年）等。

地处亚洲的日本，拥有丰富的海洋资源，水资源保护的立法是为了消解战后的公害问题。在日本战后经济高速发展的背后，公害成为威胁日本公民生命健康的“毒药”，其中因汞中毒触发的水俣病对日本民族的危害深重，引发日本环境公益团体的成长和环境保护运动。在此背景下，日本环境立法属于被动性立法，而不是源于政府对于环境保护意识的自觉。相关的水资源保护立法中，1961年颁布的《水资源开发促进法》居于首要地位，辅以《电源开发促进法》（1952年）、《水资源开发公团法》（1961年）、《河川法》（1964年）、《水质污浊防止法》（1970年）、《水源地域对策特别措施法》（1973年）等。

作为建构超国家组织、追求经济发展多赢的欧盟，对水资源保护亦形成丰富的立法经验。原隶属欧盟的英国于16世纪就制定了水法，但16世纪水环境的现状与今日不可同日而语。16世纪工业革命尚未来临，水资源与人口数量、人类用水需求的矛盾尚未尖锐。

近代以来，为了适应新时期的水资源配置和利用矛盾，英国制定了系列法令，包括《河流洁净法》（1960年）、《河流防止污染法》（1961年）、《水资源法》（1963年）、《运输法》（1968年）、《蛙鱼与淡水鱼法》（1972年）、《水法》（1973年、1983年、1989年）、《污染控制法》（1974年）等。在欧共体层面，为了协调成员国之间的生态环境、创造良好的土壤和优质的生活环境，欧共体于1975年颁布《地表水法令》。之后，2000年颁布的《水政策领域共同体行动框架》为成员国保护和开发水资源提供指引。

综上来看，发达国家的水资源保护立法具有较强的回应型特征，尤以日本的立法最为显著。在当前，水资源紧缺成为世界共同难题的时候，如何寻求全球的水生态治理是法学界需要共同为之奋斗的急迫难题。在世界共同使命的驱动下，我国法学界应尝试从本国的立法和实践中发现问题，完善水生态文明法律，走出困境。

4.3.2 现行法律法规

相关法律法规政策文件较多，这里罗列出国家层面的法规政策。

1. 法律

(1)《中华人民共和国水法》（中华人民共和国主席令第48号，1988年发布，2002年修订，2009年、2016年修正）。

(2)《中华人民共和国水污染防治法》（中华人民共和国主席令第 70 号，1984 年发布，1996 年修正，2008 年修订，2017 年修正）。

(3)《中华人民共和国防洪法》（中华人民共和国主席令第 88 号，1997 年发布，2009 年、2015 年修正，2016 年修正）。

(4)《中华人民共和国水土保持法》（中华人民共和国主席令第 39 号，1991 年发布，2009 年修正，2010 年修订）。

2. 法规

(1)《中华人民共和国河道管理条例》（中华人民共和国国务院令第 3 号，1988 年发布，2011 年修正，2017 年两次修正，2018 年修正）。

(2)《开发建设晋陕蒙接壤地区水土保持规定》（中华人民共和国国务院批准，国家计划委员会、水利部令第 1 号，1988 年发布，2011 年修正）。

(3)《城市节约用水管理规定》（中华人民共和国国务院批准，建设部令第 1 号，1988 年发布）。

(4)《水库大坝安全管理条例》（国务院令第 77 号，1991 年 3 月 22 日）。

(5)《中华人民共和国水土保持法实施条例》（中华人民共和国国务院令第 120 号，1993 年发布，2011 年修正）。

(6)《中华人民共和国城市供水条例》（中华人民共和国国务院令第 158 号，1994 年发布，2018 年修正）。

(7)《淮河流域水污染防治暂行条例》（中华人民共和国国务院令第 183 号，1995 年发布，2011 年修正）。

(8)《取水许可和水资源费征收管理条例》（中华人民共和国国务院令第 460 号，2006 年发布，2017 年修正）。

(9)《蓄滞洪区运用补偿暂行办法》（中华人民共和国国务院令第 286 号，2000 年发布）。

(10)《长江三峡工程建设移民条例》（国务院令第 299 号，2001 年 3 月 1 日）。

(11)《长江河道采砂管理条例》（中华人民共和国国务院令第 320 号，2001 年发布）。

(12)《中华人民共和国防汛条例》（中华人民共和国国务院令第 86 号，1991 年发布，2005 年修正，2011 年修正）。

(13)《取水许可和水资源费征收管理条例》（中华人民共和国国务院令第 460 号，2006 年发布，2017 年修正）。

(14)《南水北调工程供用水管理条例》（中华人民共和国国务院令第 647 号，2014 年发布）。

(15)《黄河水量调度条例》（中华人民共和国国务院令第 472 号，2006 年发布）。

(16)《中华人民共和国水文条例》（中华人民共和国国务院令第 496 号，2007 年发布，2013 年修正，2016 年修正，2017 年修正）。

(17)《中华人民共和国抗旱条例》（中华人民共和国国务院令第 552 号，2009 年发布）。

(18)《太湖流域管理条例》（中华人民共和国国务院令第 604 号，2011 年发布）。

4.4 水资源智能化管理

4.4.1 智慧水务

智慧水务通过数采仪、无线网络、水质水压表等在线监测设备实时感知城市供排水系统的运行状态，并采用可视化的方式有机整合水务管理部门与供排水设施，形成“城市水务物联网”，并可将海量水务信息进行及时分析与处理，做出相应的处理结果辅助决策建议，以更加精细和动态的方式管理水务系统的整个生产、管理和服务流程，从而达到“智慧”的状态。智慧水资源管理架构图如图 4.1 所示。

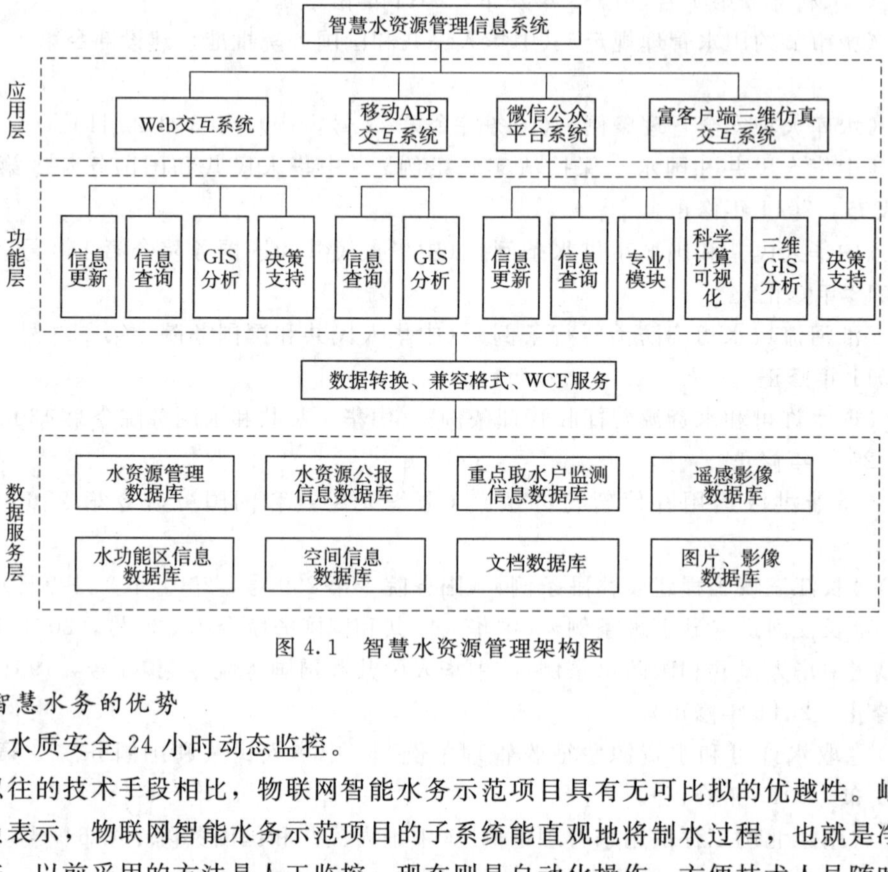

图 4.1 智慧水资源管理架构图

1. 智慧水务的优势

(1) 水质安全 24 小时动态监控。

和以往的技术手段相比，物联网智能水务示范项目具有无可比拟的优越性。岷江水厂技术人员表示，物联网智能水务示范项目的子系统能直观地将制水过程，也就是净水过程展现出来。以前采用的方法是人工监控，现在则是自动化操作，方便技术人员随时掌握水质情况。

在一个大屏幕画面中，可以看到具体的地点，清楚地显示了原水浊度、pH 值等技术参数，一旦这些参数出现异常，会第一时间反映在屏幕上，该系统可 24 小时动态监测全县居民饮用水质，确保市民饮用水安全。

(2) 按需分配管网调度效率高。

改变过去传统方法，物联网智能水务让管网调度更科学更高效。打开管网优化调度系统操作平台，就能清楚地看到全县各区域的供水和用水情况，它可以根据监测的实时数据和历史数据，对用水量进行预测，产生优化调度方案，辅助调度人员决策采用何种优化调度方案，保障用户用水。

例如：某个区域在某时段的用水量大，而另一个区域在这个时段却用水量小，这套系统可清楚显示，并实现动态调度。这就大大提高了调度优化效率。管网优化调度系统为水的高效、科学调度提供技术支撑，为管网规划提供数据支持。

该物联网智能水务示范项目，是“智慧双流”的结构体系下的功能模块之一，它包含水资源评价、水质监测与管理、供排水管理、防汛抗旱等。

(3) 促使水务集团运营管理数字化、智能化、规范化。

在“智慧水务”理念的引导下，水务集团的管理发生了变革，它们采用数据采集、传输等传感设备在线检测水务系统的运行状态，并采用可视化的方式有机整合水务管理部门设施，形成“水务物联网”。集团通过水务数字化管理平台将海量数据进行及时分析与处理，即在各污水处理厂、泵站安装数据采集前置机或数据采集 DSP 模块，将自控系统中的生产运行数据通过 3G 网络实时传输到集团总部，进行集中存储和应用。通过对各类关键数据的实时监视和智能分析，再提供分类、分级预警，且利用短信、光、警报声等通知相关负责人，同时给予相应的处理结果辅助决策建议，以更加精细和动态的方式管理水务运营系统的整个生产、管理和服务流程，使之更加数字化、智能化、规范化，从而达到“智慧”的状态。

2. *智慧水务的应用*

(1) 智慧武汉污水处理应用。

污水处理行业作为国家新兴战略产业之一——节能环保产业中的重要内容受到广泛关注，国家“十二五”规划也对城镇污水处理提出更高要求，并明确要求县级镇、尤其是重点镇必须建立污水处理厂，市场上产生许多全国性和区域性的大型水务集团公司，有些集团公司拥有全国各地上百家的污水处理项目。大量污水处理厂的建成运营对国内污水运营管理能力和相关资源提出挑战，而其地域分布的广泛性又对集团公司管理手段提出更高要求。

基于物联网、云计算的城市污水处理综合运营管理平台为污水运营企业安全管理、生产运行、水质化验、设备管理、日常办公等关键业务提供统一业务信息管理平台，对企业实时生产数据、视频监控数据、工艺设计、日常管理等相关数据进行集中管理、统计分析、数据挖掘，为不同层面的生产运行管理者提供即时、丰富的生产运行信息，为辅助分析决策奠定良好的基础，为企业规范管理、节能降耗、减员增效和精细化管理提供强大的技术支持，从而形成完善的城市污水处理信息化综合管理解决方案。

武汉市污水处理综合运营管理平台，依托云计算技术构建、利用互联网将各种广域异构计算资源整合，以形成一个抽象的、虚拟的和可动态扩展的计算资源池，再通过互联网向用户按需提供计算能力、存储能力、软件平台和应用软件等服务。系统可以对污水处理企业的进、产、排三个主要环节进行监控，将下属提升泵站和污水处理厂的水量、水位、水质、电耗、药耗、设备状态等信息通过云计算平台进行收集、整合、分析和处理，建立各个环节的相互规约模型，分析生产环节水、电、药的消耗与处理水排水、生产、排放之间的隐含关系，找出污水处理厂的优化生产过程管理方案，实现对污水处理企业生产过程的实时控制与精细化管理，达到规范管理、节能降耗、减员增效的目的。

（2）智慧深圳水务。

信息化建设是促进和带动水务现代化、提升水务行业社会管理和公共服务能力、保障水务可持续发展的必然选择。近年来，深圳市水务局在水利部、省水利厅以及深圳市相关主管部门的关怀指导下，按照服务“低碳水务、安全水务、民生水务、效益水务”建设的总体要求，认真落实科学发展观，坚持“统一规划、统一标准、统一建设、统一管理”，统筹谋划信息化建设，积极推动重大工程建设，实现了水务信息化建设的跨越式发展。

在信息采集方面，已建成雨量站63个，水文站32个；建成供水水质在线监测站点99个，可监控全市主要供水主干管的pH值、压力、浊度及总氯，建成10座污水厂水质在线监测站点23个，整合政府投资和社会BOT模式新建的8座污水处理厂、1个再生水厂的17个水质在线监测站数据，将全市污水处理厂的水质数据（化学需氧量、氨氮、pH值、总磷等）纳入统一监管；建成视频监视点118个，并通过共享市交通部门的视频资源，可对全市中型水库、重点海堤、特区内主要河道和城区易涝易浸点进行实时监控。在网络建设方面，该局早已通过省水利专网、市政务内外网形成了连通省、市、区，包括省水利厅、市应急指挥中心、市气象局、各区水务局和三防办及大部分局属单位的网络系统，并在2012年重点加强与局属单位的网络互联及省水利政务外网的拓展工作。2012年已完成市大鹏水源工程管理处、市北部水源工程管理处、市西丽水库管理处等7家局属事业单位的内网接入工作，正在开展将各区三防部门接入省水利专网的建设工作。在数据中心建设方面，该局已建成了水雨情、水资源、气象、基础工情、供水水质、污水水质、水土保持、政务信息和视频资源为一体的水务基础数据库，实现水务数据资源“一数据一源”；建成数据共享及交换平台，对内完成与局属单位间的水雨情数据、水质数据和视频资源的共享与交换；对外实现与市气象局的雨情数据交换，与省水利厅、市应急指挥中心的视频资源的共享，并利用深圳市统一建设的信息资源交换平台，实现了与市监察局、市行政服务大厅、市府办公厅间的行政审批、信息公开数据的共享与交换。

4.4.2　水资源监控能力建设

为建立通达、准确、高效的水资源管理信息获取渠道和管理平台，增强支撑水资源定量管理和对“三条红线”执行情况进行考核的能力，水利部决定开展国家水资源监控能力建设项目。项目第一阶段（2012—2014年）计划用三年左右时间，基本建立与水资源开发利用控制、用水效率控制和水功能区限制纳污控制管理相适应的重要取水户、重要水功能区和大江大河主要省界断面三大监控体系，基本建立国家水资源管理系统，初步形成与实行最严格水资源管理制度相适应的水资源监控能力。

国家水资源监控能力建设项目涉及中央、流域、省（自治区、直辖市）、地市和县区五个层级的应用。系统逻辑上包括信息采集与传输、计算机网络、数据汇集和管理平台、应用支撑平台、业务应用系统、水资源监控中心和信息安全体系等部分。由于系统层次和结构复杂、信息采集点众多、各级系统之间存在大量的数据传递，因而对规范性和安全性要求很高。依据统一的标准规范开展国家水资源监控能力建设是保障中央、流域和省等各级系统之间信息互联互通和数据共享的重要基础，也是系统能顺利实施和高效运行的重要基础。

本项目紧密结合国家级水资源监控站点的监测、传输能力以及中央、流域和省（自治区、直辖市）三级水资源监控管理信息平台建设、运行、管理和维护的需要，构建了支撑国家水资源监控能力建设项目所需的标准规范体系。本项目建设了基础类、信息采集与传输类、数据资源类、空间表达类、应用支撑类和管理类等六大主要类别共计25部技术标准，已由国家水资源监控能力建设办公室发布实施，应用于我国各级水资源监控能力建设项目的施工、运行、管理和维护的过程中。

1. 国家水资源监控能力建设项目的重要意义

(1) 项目建设是实行最严格水资源管理制度的迫切需要。2011年中央1号文件明确提出实行最严格水资源管理制度，把严格水资源管理作为加快转变经济发展方式的战略举措。实行最严格水资源管理制度，要划定和落实水资源管理"红线"，严格执法监督，其关键是解决水资源管理考核体系和计量监控能力的问题，否则最严格水资源管理红线管控和量化考核将难以实现。当前，迫切需要以国家水资源监控能力建设为抓手，通过信息化手段，尽快提高水资源管理能力与技术水平。因此，国家水资源监控能力建设项目是实行最严格水资源管理制度的关键支撑，是落实"三条红线"考核的迫切需要，是实现水资源科学化、定量化、精细化的必要手段。

(2) 项目建设是水生态文明建设的迫切需要。水生态文明是生态文明的重要组成部分，是建设美丽中国的资源环境基础，是生态文明的水利载体。水利部党组高度重视水生态文明建设工作，印发了加快推进水生态文明建设工作的意见，启动了全国水生态文明城市建设试点。要求以落实最严格水资源管理制度为核心，通过优化水资源配置，加强水资源节约保护，实施水生态综合治理，加强涉水制度建设等措施，大力推进水生态文明建设。通过国家水资源监控能力项目建设，建立取用水、省界水量水质、水功能区三大监控体系建设，动态掌控用水总量、用水效率和水功能区水质状况，是水生态文明建设的必要手段和重要支撑。

(3) 项目建设是政府职能转变的迫切需要。新一轮政府机构改革的核心是转变政府职能，强化经济调节、社会管理和公共服务。按照国务院"三定"规定，水利部门承担着加强水资源节约、保护与合理配置，保障城乡供水安全，促进水资源的可持续利用等水资源管理职能。水资源管理面向全社会取用水用户，业务领域广，涉及部门多，是水利系统社会管理的主要窗口。目前基层水资源管理能力薄弱，计量和监控设施建设滞后，用水统计和水资源费征收缺乏计量手段，水资源费征收使用不规范，制约了水资源管理的能力和水平。加强水资源管理，首先要在技术手段上，实现取用水在线监测，饮用水源地水质预警，水功能区水质定期监测，水资源开发利用及节约保护的定量监控，为水资源社会管理和公共服务提供有效的技术支撑。

2. 实例：湖北水资源监控能力建设项目

湖北省是全国7个加快实施最严格水资源管理制度的试点省份之一，湖北省国家水资源监控能力建设项目（以下简称湖北国控项目）于2015年9月进入全面推广试运行阶段。湖北国控项目主要完成取用水、水功能区、水源地监控三大监控建设任务。取用水监控体系通过对146个重要取用水户、358个监测点实现在线监测，实现了对湖北省颁证取用水总量的78.43%重点用水户的在线监测；水功能区监控体系改造湖北省水环境监测中心及黄石、襄阳、十堰、荆州、宜昌、黄冈、孝感、咸宁和恩施9处湖北省水环境监测分中心；水源地监控体系实现对武汉、黄石、襄阳、宜昌、荆州、荆门、随州等8个国家重要饮用水水源地的水质在线监测。三大监控体系将监控数据传输、汇集到湖北省水资源监控管理信息平台。

湖北国控项目在湖北省水利厅信息中心机房的政务外网上，部署数据采集工控机，应用Web、数据交换、目录服务器，以及安全审计、数据备份等硬件设备。取水量监测信息和自动水源地监测数据通过数据自动采集与控制单元，将采集到的流量或水质数据以3G/4G无线通信方式传输到湖北省水资源监控管理平台，并通过数据交换实现中央、流域、省三级共享。水功能区人工巡测数据由各地市水文局通过湖北省水资源省级信息监控平台，录入每个月人工采样的水功能区监测数据，经省级业务管理部门审核后，数据入库并交换至中央。取用水和国控水源地自动水质站的监测数据网络拓扑图如图4.2所示。

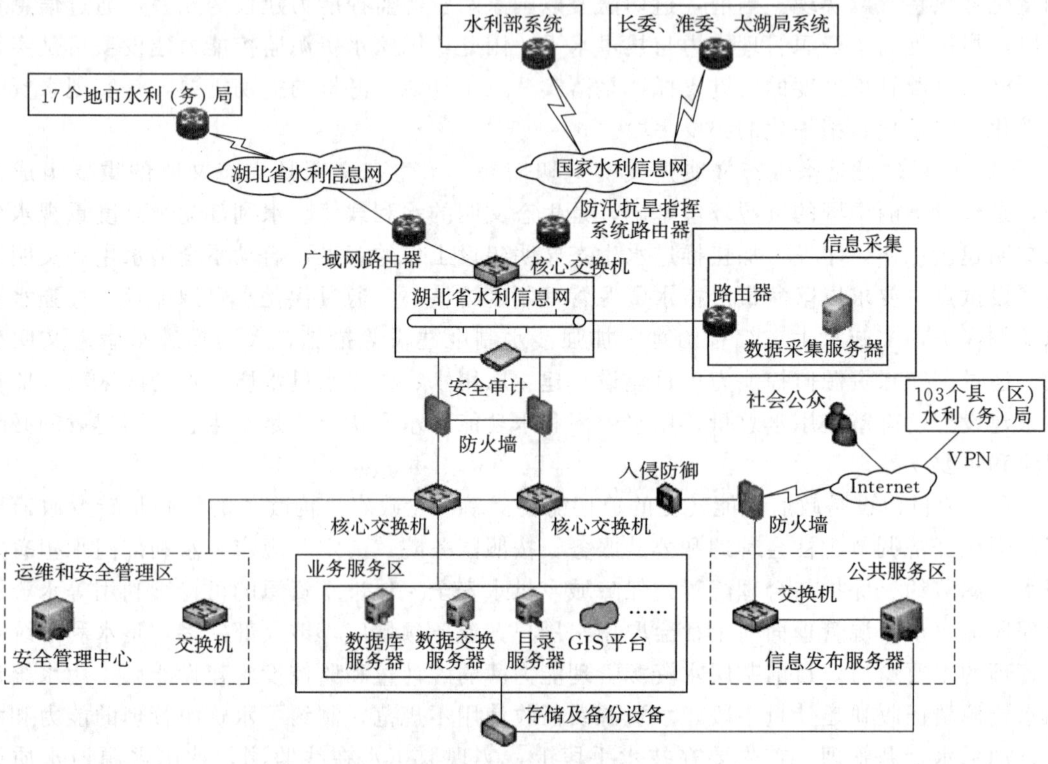

图4.2 监测数据传输和存储网络拓扑图

湖北省水资源监控管理信息平台主要建设内容包括水资源信息服务、应急管理、调配决策支持等系统，业务应用、公共信息等门户，以及移动管理平台等的功能开发，还包括中央下发的三级通业务管理系统二次定制开发工作。平台根据国家水资源监控能力建设的总体规划，结合湖北省本地化需求，遵循国家水资源监控能力建设项目办公室的顶层设计，执行统一的软件开发和系统集成的相关标准和规范，满足与中央平台系统的对接要求。目前湖北省水资源监控管理信息平台功能完整，系统整体风格统一，界面友好，满足省、地市、区县三级用户业务需求，主要实现重要取用水户的取用水、地表水水功能区水质及城市饮用水水源地水质等信息的共享；实现国家、流域、省三级水资源管理业务的网络在线处理，实现上级对下级水资源管理业务的动态监管，实现三级水资源管理的业务协同，使水资源业务管理更加精细化、科学化，初步实现红线能显、现状能监、管理有措、决策有助的建设目标，使湖北省水资源监控管理信息平台成为湖北省水资源管理的枢纽和核心，成为湖北进行水资源管理的监控、数据、管理、指挥和应急的中心。

第5章 水 景 观

我国水生态文明建设的进程不断推进，实现人与水的和谐发展已经成为社会各界的共识。在进行流域开发与城市滨水生态景观设计中，人们也更加重视流域的景观功能。良好的流域景观环境有助于提升整体的生态环境水平，为人们营造良好的生态环境，促进人与自然的和谐。目前，我国流域景观设计仍然处于探索阶段，大、中型流域与城市发展息息相关，必须具备成熟的技术才能进行规划设计。水景设计在城市设计中的作用举足轻重。在将水元素运用于景观设计的过程中，在高效合理的设计的同时，兼顾水域内的生态平衡和小气候环境等水生态环境。人类追求自然的需求融入到河道的城市景观设计中，使得滨水生态景观设计渐渐延伸到人们的生活中。城市大部分河道还是硬质化景观，较少采用生态护岸与生态河道做法。硬质化景观影响生态系统，如滨水景观大量建设的无缝混凝土堤岸，使生态系统受到一定程度的损害，水中生物和植物缺乏栖息地，水域生态廊道与陆地生态系统分离，使得整个生态体系出现了部分断裂。河道景观可选择的植物也存在较多问题，很多植物树种不适宜种植于滨水区域，不合理的引入外来物种，使得部分城市河道被外来物种无休止弥漫。因此本章节结合生态文明，特别是水生态文明的理念，开展滨水景观设计相关方面的探讨，为城市滨水景观设计提出初步的架构，为今后滨水景观设计服务。

5.1 滨水近自然景观相关理论

1. 生态学理论

生态学的概念由海克尔（Haeckel）于18世纪60年代在他的著作《普通形态学》中首次提出，生态学的英文单词 Ecology 由字根“eco”和字尾“logy”组成，代表着居住地和学问的意思。这个词与经济学有着很强的关联性，因此，有的学者将生态学定义为生态经济管理学。1992年，我国学者孙儒泳研究认为，海克尔将生态学定义为是研究自然界动植物与自然生态环境之间关系总和的学科。

从以上研究可以看出，对于生态学的定义及理解，学者们有各自不同的观点，对于概念的时间序列和定义中生物现象的外延存在着分歧或歧义。

2. 景观修复生态学理论

景观修复生态学是20世纪80年代新兴的学科，它是从传统生态学分离出来的，旨在修复自然原生态环境，恢复自然生态应有面貌的学科。简言之，就是修复由于经济和社会发展、工业化进程所导致的自然资源的破坏，同时为人类对于自然资源可持续发展提供保障。

我国学者赵晓瑛通过研究认为，景观修复生态学是对于生态系统的修复、恢复与重建，通过科学规范的规划与管理实现自然、景观的可持续状态，通过人为因素干扰，实现自然与人类的和谐相处。景观修复生态学是一项长期漫长的工作，对于每个时间段的工作内容要求也有所不同，但是基本要求都是要尊重自然规律、按照自然规律办事。只要严格按照自然规律办事，就能够逐步实现对于自然生态环境的修复，实现人与自然和谐相处的生态文明。

3. 景观规划设计学

景观规划设计学是伴随着生态学、景观修复生态学的发展而产生的。对于景观规划设计学，我国学者都有自己的学术观点与见解。傅伯杰先生认为，景观规划设计是在对景观区域的环境进行研究、分析、判断的基础上，结合理论研究，进行综合评价后，对于景观区域的综合开发利用提出最优方案。将景观区域空间、时间有效的结合，通过科学的管理方法进行规划、设计，实现景观的经济效益与社会效益。

此外，也有从空间合理布局角度出发，对于景观规划设计进行定义的学者。如孙永斌先生认为，景观规划设计学是运用生态学理论、生态修复学理论和规划学知识对于景观区域空间的合理布局与开发利用，在规划设计的过程中，既要保证空间内动植物个体的差异性，也要科学规范的规划设计保证空间布局的整体性。

从以上学者的观点可以看出，景观规划设计学是对需要景观设计的区域，进行空间合理布局的实践过程，同时要实现生物物种的异质性，也要保证景观风格的统一性。

4. 自然美学

自然美学主要是指自然界及生态环境中所呈现出来的视觉美感。这种美感不以人工为前提，强调的是自然形成与原始状态。中国儒家思想的自然美学是基于"天人合一"的思想而产生的。"天人合一"的自然美学中，把人与自然、自然与自然、自然与人之间的情感交流与和谐共处作为美学的评判标准，注重人与自然相互关系的转换，强调融为一体的自然优美。

5. 可持续景观理论

可持续景观理论强调景观的实用性与长久性，通过景观为人们提供的休闲、娱乐、观光等便利条件，实现人与自然和谐可持续相处的理念。面对全球环境危机，当代景观设计学义不容辞地将实现可持续环境与发展作为景观设计学的战略主张。景观设计学作为生存艺术的定位和景观设计学作为协调人地关系领导学科的定位，使其有责任和义务通过可持续景观的设计，实现经济和社会、人与自然、自然与自然共融的协调发展。

5.2 滨水生态水景观艺术性分析

5.2.1 滨水生态景观的重要性

水对于城市的重要性是毋庸置疑的，生态美学对于城市滨水景观具有重要意义。本节选择滨水区域研究生态景观的艺术表达，是因为滨水区域是城市公共开放空间的重要组成部分，它具有生态价值、实用价值、景观价值，也是景观与人工景观结合区域，是城市景观形成的重要地段。城市滨水景观的生态艺术研究具有重要意义。

水域是城市生态环境系统的重要自然元素，在生态建设中起着不可替代的作用。滨水区域为生产生活提供用水，为水中生物提供生存环境，为水上娱乐提供场所，为运输提供水域。水是人类不可缺少的自然资源。由于人类生态意识不完善，过度利用水资源，导致水环境污染严重，水量不断减少。维护水域安全从而展现景观艺术特色，结合生态建设与艺术表达来完善景观环境是目前的研究方向。滨水景观的艺术表达应把握生态发展规律，符合自然、社会、历史、文化、审美。尊重景观自然环境的同时，要分析大众审美态度和审美价值，建设属于生态文明时代的滨水景观。滨水景观中生态艺术表达对文化传承和城市艺术化构建具有传承性作用。滨水景观中如何将艺术表达与生态建设结合就是本文的研究目的。景观是滨水城市中重要组成部分因而受到社会关注，在强调生态景观的同时不应忽视景观的艺术属性，在人们亲近自然的同时增强美感享受。城市滨水景观的建设，一方面要注重生态建设，另一方面要融入艺术语言，从而表达滨水城市景观的特性，使滨水城市景观在生态建设的同时更符合审美需求。景观与生态和艺术不能分开来谈，可以说景观的属性就包括生态建设和艺术表达。强化生态景观的艺术性，不仅具有生态意义，也能满足人类精神文明的需求。景观将生态与美学统一是促进人类与自然和谐发展的途径。

5.2.2 滨水景观定义范畴

1. 滨水区

滨水（Waterfront）是指与河流、湖泊、海洋毗邻的土地或建筑；城市滨水区（Urban waterfront）是指与自然水体临近的城市区域，一般由水域、水际线、陆域三部分组成，是城市中陆域与水域相连的一定区域的总称。

2. 生态景观

景观指的是自然的或者人工创造的森林景象，景观和生态密不可分，又与艺术有关键性的联系。不同领域对景观的解释是不同的，在艺术领域，景观是城市的艺术品；在生态领域，景观是一系列的生态系统；在旅游业里，景观是无限的经济资源；在建筑领域，景观以及建筑物之间是相辅相成的关系。由植物、动物、土壤、水、文化、历史等元素组合的生态体系被称之为生态景观。它具有生态性、经济性、人文性相结合的内在关系，能够体现整体性、和谐性、多样性、安全性、可持续性和艺术性。

3. 艺术特色

“景观是公共艺术的一种，它是多学科之间的交流，在现实基础上进行的艺术创作。”景观是一种公共性质的、非个人的多学科交流的产物。在设计中不可能面面都表达出完整的艺术价值，只能依据现实情况，对比轻重之分来展现景观的艺术特色。艺术特色在景观中的价值在于表现艺术创作手法和设计思路，艺术家通过多种媒介来抒写内心的情感。观赏者可通过作品感受到豪放、婉约、沉郁等艺术情感。单纯的生活环境已经远远不能满足现代人对城市景观的需求，人们对生活的精致程度要求越来越高，要求身边的事物都是舒适与独特的。这促使景观不但要满足大众审美需求，还要具有独特的艺术气息。

4. 公共艺术

尤根·哈贝马斯（Jurgen Habermas）在《公共领域》一文中指出：“公共领域是指人类生活中向所有公民开放的领域，由各种对话而构成，对话中作为私人的人们来到一起从而形成了公众。”在公共领域中进行的艺术行为是公众艺术，公众艺术需要设计师有较强的社会责任心。公共艺术并不是艺术家任其情感随意创作的场地。当然，景观艺术需要有情感的填充，做好感性与理性的融合，才会促使公共领域中艺术的合理表达。

艺术本身就具有实用的功能，具体表现在物体和精神两个方面。景观设计是服务于城市人口的设计，面向多元化的社会。设计在表现艺术效果的同时，又要融入社会主流氛围中。景观中的雕塑、水、光、装饰、服务体系的设计应该与其他场所的设计有所不同，特别是滨水景观的装置物品设计中，既要切实体现景观的生态文明，又要通过装置设计来展现景观的艺术性。把握其中的分寸，不要过分偏向于某一个方面，才能使公共空间被公众所认可。适度的设计并不等于舍弃艺术的独特性，把握好滨水景观自身拥有的特点，从而展现景观中艺术与生态的结合。

5. 生态景观与艺术

“表达性艺术：表达是人类天性和生存需求，是人类与生俱来的能力，通过艺术的形式表达情感是一种或直接或意向的情感表达方式”。表达性艺术源于人类对艺术的直观感受和直接行为，其表现途径有戏剧、电影、绘画、雕塑、建筑、景观、音乐、舞蹈等多种形式。艺术融入生态景观包含了三个方面，即精神层面、活动过程、活动结果。艺术的价值体现在于它具有审美属性。人类通过艺术欣赏与艺术体验，满足自身对艺术的审美需求。艺术具有认知、陶冶、教育、娱乐等功能。在崇尚功能的时代，人类从未放弃过对艺术的追求。它是审美性的、实用性的、精神支撑性的产物。艺术不是生产的必需品，也不是生活调味品，它是人类心灵层面的营养品。它是可以反映社会、自然、情感的行为。景观是空间艺术、视觉艺术、静态艺术、造型艺术，它依据艺术存在、艺术审美、艺术物化、艺术分类等方式表现出来。景观与纯艺术不同，是在现实基础下表现艺术的一种形式。景观设计面向的是公众化的社会，在艺术创作中会有局限性，而局限性就包括生态建设。

生态问题已经是现代社会发展中不可能回避和忽略的问题，快速的工业发展使环境处在尴尬的状态之中，公众认识到了生态问题的严重性。但是在不同领域中，具体生态问题的落实上，至今没有得到切实的解决。艺术融入生态，是落实生态原则的一种表现。艺术与生态以同样重要的身份出现，并同时结合到景观中。能够诠释生态本身具有的美感，从而提升大众对审美的意识和生态文明的建设。俞孔坚认为“景观设计是关于土地的分析、对话、设计、管理、保护和回复的科学和艺术。”“景观设计既是科学又是艺术，两者缺一不可。景观设计师需要科学地分析土地、认识土地，然后在此基础上对土地进行规划、设计、保护和恢复；例如国家对濒临消失的沼泽地的恢复，对生物多样性丰富的湿地的保护，都属于景观设计范畴。”

5.2.3 滨水生态景观的元素分析

1. 水体景观

景观是景色与声音、光线的共鸣。在滨水城市中水景观是最大的亮点，水的声音变化丰富，形成音效，可以抚平人类心中的不满足情绪，这是大自然的微妙能力。

滨水景观有责任向公众传达水的情绪与意境，水之意境被中国山水画以艺术的视角展现出来，在景观中水结合周围的景物可以展现出不同的艺术画面。画面可以是现代的、诗意的、抒情的、寓意的、时尚的、抽象的表现形式。

水本身无色无味无形，但是它的塑造性和表现力是无穷无尽的。水本身无色，但是运用光影传达和 LED 技术，就会产生多种多样的色彩和表现形式，形成魅力无穷的视觉效果。水本身无味，但结合周边湿地花草的种植，就会给人身临其境、鸟语花香的感觉。水本身无形，但是赋予技术上的支持就会产生涌泉、喷雾、水帘、漩涡、溪流等动态的形式，其景色可宏伟、可含蓄。由于表现形式和风格多样，水体景观的可塑造性是无穷的，主要在于人类对于艺术的理解。但是展现水体艺术的同时，要充分考虑水的安全，并加以技术维护。水体景观设计要以保护为首要前提。

2. 场所精神的创造与体验

诺伯格·舒尔（Norberg Shure）对“场所”做了这样的界定：“环境最具体的说法是场所，场所是具有特性或气氛的，因此场所是定性的、整体的现象，不能够约简其任何的特质，诸如空间关系，而不丧失其具体的本性。”

生态景观设计中要充分重视场所精神的挖掘和表达，通过艺术表达满足人类对审美的需要。景观场所具有公共属性，是自然场所与人为场所共同结合体，是公共公开的活动之处。景观场所还分为室内场所和室外场所，室内场所是人类在室内进行活动的公众聚集地，如室内餐厅、室内娱乐空间等。景观室外场所根据其功能大致分为人工服务类和非人工服务类。人工服务类的景观室外场所包括便利店、露天餐厅等，非人工服务类的室外场所包括公园、行道、公共观赏景观等。

（1）光与影的表现。

日本建筑师安藤忠雄以严谨的几何形式、抽象的自然元素以及对光的钟爱，完整表达了建筑、景观中的场所精神。光之教堂是以混凝土为主要建筑材料的长方体建筑，他将建筑的一面墙开了一个十字形的洞口，从而形成了特殊的光影效果。因此塑造了“光之教堂”（图 5.1）。光影的魅力为设计带来了自然界赋予艺术的震撼力，使人的心灵从中找到栖息地，充分展现了场所功能和场所精神与自然界共存的魅力。景观场所精神被光之教堂展现得淋漓尽致，能立刻把人们带入到场所想要传达的氛围之中。

图 5.1　光之教堂

光塑造的场所精神是强烈的，它能立刻抓住人的感观意识，从而形成场所化的氛围。集合滨水生态景观的艺术特点来看光之教堂，就会重新认识自然光线在景观中的表达艺术。自然光线被场景有效的利用，从而展示自然艺术的特质，既能通过生态展现艺术，又能通过艺术来完美生态。从此可以看出，景观中艺术表达与生态文明之间的关系是相辅相成的。

滨水景观中，利用自然光线产生的效应，来体现景观中场所精神。有效的利用自然资源，体现生态的特性。光形成的倒影映射在水中和道路上，会加强景观中自然氛围的塑造。充分利用自然光影是景观体现生态观的有效途径。自然光线有能力展现场所精神的生态主题，它能达到渲染景观气氛的作用，使观者能迅速融入到场所之中。

(2) 水的表现。

水之教堂是一座小型的教堂，水是安藤忠雄在这座教堂里表现的主题。他在建筑主体的对面建造了一个 90m×45m 的人工湖。湖面是一个抽象的镜面，使水上十字架倒映在水中，形成光影效果，从而表达婚礼纯洁、神圣的概念。水之教堂是一座婚礼教堂，从场景与建筑物结合所渲染的氛围中，就能体现出婚姻的神圣，增强了宗教的纯洁（图 5.2）。安藤将自然元素引入到室内空间，从而形成了室内外与自然相呼应的景色气氛。场景精神与场景气氛的烘托，能使人不由自主地形成一种精神向往，这种向往就是场所精神价值的体现。在景观设计中，把人性化的场景设计统和到自然体系中，这是景观在艺术中所能实现的生态意义。安藤忠雄巧妙地将设计融合到了场景精神之中，这给人们带来了场景化精神的体验。这种精神应贯穿到滨水生态景观设计中。

图 5.2 水之教堂

滨水生态景观需要有场所的分区，供人们进行不同的聚集活动。设计中运用到的材料、植物、光线、技术、多媒体等，都要进行生态化的分析，注重使用者的情感、行动、感观、思维等综合体验，通过体验来表达滨水生态景观的意境。景观设计的本质表现在所展现的场所精神中，在功能上场所精神能够体现公共场所的聚集性。借助环境带来的场所气氛，使人自然地通过场景进行交流。

3. 美学要素

景观中的形式美、文化美、象征美、生态美、抽象美都是表达美学要素的方式。美学要素是景观设计中的重要展现部分。生态美学表达了景观中生态对艺术的需求，从而形成光、色、形一体的户外体验。它一定是结合人类对自然、气候、生物、水体、生态、美学、行为、地形、地貌、心理需求的综合体。

(1) 美学要素与历史。“美学观点和历史观点”这一命题由哲学家恩格斯提出，他曾主张用“美学观点和历史观点”来评论作家的作品。在景观的生态艺术中也可以运用这样的观点对作品进行评论。美学要素随着时代的发展而变化，它演变的过程就是潮流的判定。美学具有历史性，一次艺术创作，在当下的审美标准中，很有可能不被大众所认可。但是，优秀的艺术作品随着时间的沉淀、审美形式的多元化终将被世人认可。

（2）美学要素与生态。生态美没有固定的模式，随着时间的推移，人类对原生态与自然美会产生不同层面的认识和理解。由于环境的恶化，人们逐渐形成了对自然向往的意识。要把生态景观融入到现代化城市的氛围中，就要在景观中结合艺术表达与审美情趣。艺术表达会使城市生态建设的形式不再只是单一的技术化。以生态观念和艺术手法来进行滨水景观规划，既符合大众审美取向，也符合现代城市对于生态建设的需求。任何事物的存在都不是孤立的，任何事物都有美的元素，在设计中只要把握好节奏，切实考虑到人文关怀，就会体现出生态艺术的价值。

（3）美学要素与社会需求。“艺术是形成美学价值的重要部分，并表达我们对环境的概念；面对现实的环境问题，需要更新美学判断力，成为艺术创作的决定性原则，改变对艺术的阐释，扩充对环境的概念。”社会对于美学的需求是永久性的，只要有文明的存在就会有美学的体现。在历史与文化的范畴之中美学并没有边界。景观之美在于空间意境、韵律的塑造，人类对于美的需求体现在与生活有关的各类事物上。现代人对生活精致程度的要求，让美学有了更大的创造空间。人们接受新事物的能力越来越强，随之对美的程度要求也越来越高。景观设计是美的追逐者之一，在设计的领域里，人们放大美的使用价值，让美的事物不仅是艺术品，也是生活必需品。景观是城市表现生态与美学的媒介，生态文明是现代社会需求。人类对于美化事物的需求从未改变，滨水景观融入生态美学，顺应了当代社会对于生态文明和美化事物的需求。

4. 自然元素

结合自然元素进行景观设计，是景观生态性的明显体现。滨水景观离不开生态，要把城市景观与生态拉近，就要将城市景观与自然元素充分结合。

水域：水体是滨水景观中自然元素的重要部分。减少生活垃圾对水域环境造成的污染，是每个公民应尽的义务。降低工业污染对水域造成的伤害，是每个企业应承担的责任。滨水景观中，水具有较强的观赏价值，但观赏的前提必须对其进行有效保护。水在自然状态下才会突显自身的艺术价值。

植被：在滨水生态景观的植物配置上，应因地制宜，在保证植物成活率的情况下，首先考虑采用适合当地种植的植物。在植物搭配方面应符合生态要求的原则，选择对水体污染处理能力较强的植物。在形式上尽可能追求变化，运用美学要素组织色彩、姿态、线条在环境中的协调性，追求视觉上的全新体验。滨水区的沿岸应选用耐水性较强的植物，如水松、柳树等。

自然光线：所有的视觉艺术都要仰仗光线来传达，自然光线是传播事物的重要方式。光线通过直射物体和物体的反射来传递事物的变化。自然光线是大自然对万物的恩赐，它用最直接的方式让人们感受万物之美。通过自然光线，人们可以直观地感受到色彩变换。光线能决定人对空间基本大小的认知能力，是人感受美、体验美的媒介。人们对光线的需求胜过对任何事物的需求，人类大部分感受都是通过光线得到的。自然光线能实现人们对事物的感知，光线也给万物带来自身存在感。在景观中自然光线能体现出景观美感的审美价值，自然光线能实现人类对景观的完整感受，感受其美的存在。光线需要依附时间的维度来诠释事物之美，它随着时间的推移会产生色彩、倒影上的变化。在景观设计中，自然光线有极强的塑造能力，要充分利用好自然光线所带来的美感，丰富生态景观的艺术语言。

5.2.4 滨水生态景观与艺术性相结合

1. 滨水景观与艺术共性

形式美是由人体感观体验组建起来的，包括视觉、听觉、嗅觉、味觉等。吴冠中认为：形式美是美术创作关键的一环；美，形式美，已是科学，是可分析、可解剖的。在景观设计中，生态所表现出的自然形态即是美的展现，滨水区域形式美要体现于生态文明的内在。形式美感不能是个体的、突兀的，它应该是与整体环境和谐统一的、具有连贯性的艺术形象。当生态景观以艺术形式来展现时，不仅要展现艺术内涵，更要从艺术内涵中展现艺术的形式，从而表达滨水生态景观的形式美感。形式美在滨水景观设计中是不容忽视的，在运用程度上要抛弃形式美的独立性，要结合自然生态与艺术形象，从而通过生态手段表述景观的生态与艺术。

文化美：人类在城市生活中已经不可能完全回归于自然，也脱离不开文化世界和经济时代。物质文化和精神文化已经让人类适应了都市生活，但是如何从美学的角度来审视精神文化和物质文化？如何通过设计的行为表现出人类的文明程度，体现审美价值？那就要从艺术的文化属性来解读艺术与生态。文化所表现出来的美是富有内涵的，按照文明程度来创造美，是生态景观需要体现的一个方面。结合当地的风土人情和使用者的行为习惯，既展现了景观的审美价值，也符合景观对于地域文化的需要。景观的实用性是首要考虑的，在实用的基础上增加文化传承和审美需求，是景观对于美学的一种延伸。增加景观文化传承的同时，还要结合实用价值，文化能给景观带来的并非只是体现在形式及装饰上。文化传承是景观的灵魂，景观地域文化的传承，在时间的维度里能体现人类文明的程度。景观地域文化是具有时代性质的城市设计。将文化、艺术、自然的审美融为一体，就应该结合生态审美标准和审美理想。在滨水景观设计中，由于滨水城市经济发展较快，对于生态景观的要求也不能仅仅体现在生态美感上，还要体现在城市地域文化上。人类是创造文化的载体，人们通过理想的方式来创造人文特质与自然环境的互动，从而得到精神层面的满足。在这个过程中就已经产生了文化所带来的美感。地域文化的体现在生态景观设计中是必不可少的一部分。正如哈特荷（Harthor）说："在任何地方只有一个景观，如果那里没有人，就不能是文化景观；如果人已经进入了舞台，自然景观就一去不复返了。"设计中要保护的除了生态、自然、环境方面，还要切实的维护人类对于美学、文化、历史的需求。

象征美：景观设计中，植物的选择能体现出城市文化内涵。滨水景观要根据城市的文化内涵来选择种植植物，植物具有象征城市内涵的属性。如莲花象征圣洁，竹子象征清雅。通过选择植物和装饰来表达景观的意境，用隐喻的手法体现场所精神。

生态美：生态本身就具有美的特性，生态就是美的一种展现。大自然给人类带来的美感是任何形式都代替不了的。中国传统园林对天然美情有独钟，但是在现代滨水景观中已经很难与古代园林相结合。现代景观中需要生态技术的支持才能使滨水生态系统融入到景观中。尊重自然法则，符合人的审美习性和生活方式才是生态美的体现。生态不是一味地模仿自然，而是顺应自然之后人类形成的习惯。伊恩·伦诺克斯·麦克哈格（Ian Lennox McHarg）认为“自然是进化的，自然界中各种要素之间有规律的起着相互作用；人类要有限定的利用自然资源，甚至对某些方面要禁止”。如何正确看待现代化科技在景观中的运用，技术与生态美学如何结合都是值得研究的现实问题。生态美学在一定程度上反映了当代人内在与外在的审美需求，它能实现都市人对自然的渴望，同时它又不是纯粹的自然体。生态审美意识是生命体本身具有的能力，生态美的价值不只表现在形式美感和自然美感上，也表现在生命与生命之间交流的互动上。人与生物都是生命的塑造者，生命与生命之间应该是和谐的、相互尊重的，而并非是回避或是相互利用性质的。人类达到与自然共生意识时，才能真正体现出生态美的价值。

抽象美：吴冠中认为“抽象美是形式美的核心”；并指出“抽象是无形象的，虽有型、光、色、线等形式组合，却不表现某一具体客观实物形象”。黑格尔认为“美就是理念的感性显现”对于生态景观来说，环境制约性较强，既要使作品反映出某种理想和灵魂，又不能作为实现艺术创作者个人创作理想的场地。从造型艺术来看景观的抽象美，就会发现抽象是与艺术相关联的，艺术既是生活行为上的抽象体现，也是一种自我化的表现，还是某种抽象符号的表达。抽象美不能完全成为景观设计中艺术的表达，景观与抽象美的结合，可以体现在内容、情愫、内涵、意境的表达上。

滨水景观设计中，水是展现景观生态美的重要元素。除了结合自然元素之外，景观还需要尊重原生态系统以及塑造人文环境。把握好滨水区域的地势，将生态文明建设切实的灌入到景观设计中去，做到美学与生态兼顾的滨水景观设计，促使人与环境的相处更贴近自然优先原则，以达到人文和谐的生态景观目的。

2. 水的精神塑造

“水作为一种艺术媒介，或独立或联合其他媒介，共同塑造艺术作品。其中，水以灵活多变的方向、质感、光色和组合形式，呈现出艺术构造力。”

流动在城市中的水是自然的也是人工的，它在满足人类生理需求的同时，也满足了人类对于水的情感需求。城市生态系统中缺少不了水，它具有安抚生物心灵的特性。水推动人类经济发展以及文明进化。对于景观而言增强对于水质的保护、整合水环境、合理的水景设计、营造水气氛、展现水文化是非常有必要的。它能实现人与水的和谐相处，建立起安全稳定的亲水环境。在保证水域安全的前提下，才能在滨水景观中展现水的美。水有展现动态、静态、倒影之美的属性，水的诸多特性也体现了其不可替代的特性。水的流动给其自身带来了动态之美，在动态中展现了形态的曲线美。水的透明带给自身倒影之美，洁净的水如同镜子能倒映出周围的景色，能带给人们别样的审美体验。在滨水城市中，水景是城市居民生活的组成部分。人亲近于水是天性的体现，在滨水景观设计中应适度加强人与水的互动，实现人对于水的渴望与尊重是水精神的体现。

3. 滨水景观的艺术情结

艺术情结是人类生活中重要的部分，人们在选择之中随之产生了个人的艺术情结。选择吃饭的餐厅并完全因为食物的味道，也会是因为餐厅的环境、气味、氛围符合自我艺术情结。艺术情结会使人们忘记原本的初衷，而不由的选择与自己审美情趣符合的事物。滨水景观自身的艺术情结，主要体现在对于水、自然、环境、生物、土地、人文、历史、造型、色彩、光线、水文、布局的艺术形象上。使用者通过自己对审美意境的要求，满足自身对艺术体验的过程，从而形成某种情结。这种情结可以被认为是景观带给使用者的艺术情结。在风格多元化的艺术形式中，滨水景观要赋予这些情结其自身的艺术价值。

所有设计都是服务于人的，体现功能的同时还要满足人类精神层面需求。这是人本性原则的重要体现。在景观设计中要满足人对空间环境的要求，让人在其中能放松心情，从而形成生态效应。人本原则与生态原则、美学原则从来不是冲突的，应和谐的体现在景观设计中。景观是对生态、自然、文化以及历史的延续，在延续的同时必须加以保护，从而满足社会的需求。

5.3 滨水近自然景观设计基本要求

5.3.1 恢复城市水域水质

城市水域水质恢复方法众多，目前主要采用的有污水物理处理方法、污水化学处理方法和生态平衡处理方法，通过不同的方法改善水质、防止污染、强化水体的自然调解能力，控制污染源流入，提高水资源的品质，实现水资源与动植物物种的共融性。

1. *物理方法*

污水的物理处理方法就是利用物理作用分离污水中主要悬浮固体状态的污染物质。物理处理方法主要包括重力分离法（如自然沉淀、自然上浮、气浮等）、离心法和筛滤法三种。在污水处理的物理方法不断发展下，也出现了许多新的污水物理处理方法。

膜分离技术：膜分离技术的净水原理是利用特殊材质的半渗透膜将污水中的分子和离子分离，主要包括微滤（MF）、超滤（UF）、纳滤（NF）、反渗透（RO）等。反应温度为常温，分离系数大，反应过程中物质不发生相的变化，反应过程中具有效率高和节约能源的特点。

2. *化学方法*

污水的化学处理方法是利用化学反应所产生的特殊反应现象分离污水中的有害物质。将污水中的酸性和碱性污染物利用混凝法，通过矾花进而沉淀后，去除污水中的有害胶体以及可溶性污染物。化学处理方法主要是针对城市水域中的工业废水处理，在处理方法上还可以通过萃取、电解、还原等方法实现。随着科技不断发展，新的化学处理方法也不断出现，主要有以下几种：一是催化湿式氧化技术（WAO）。这种技术的发展起源于对于有机污水的处理，在高温状态下将有毒有害的化学成分进行分解，从而达到净化水质的作用。催化湿式氧化技术主要针对不易分解且具有高浓度毒害物质元素的工业废水的处理，目前已经成功净化了难度较高的化工石油工业废水以及造纸厂生产废水。二是超临界水氧化技术。这种技术的发展起源于20世纪80年代中期。它是利用临界水作为介质，通过氧化剂（如氧气、臭氧等）处理污水中有毒有害的有机物，超临界水氧化技术的优势在于时间短、效能高。

3. 生物方法

污水的生物处理方法是污水处理中较为高效、稳定、无毒无害的污水处理方法。目前已经被广泛地应用于全球各个国家的污水处理当中。生物方法主要是利用微生物的新陈代谢将污水中有害的胶质有机污染物以及易于溶解的有机物质代谢为对水体无污染无危害的有机物质。A/O工艺是利用好氧微生物与缺氧微生物的生物特性以活性污泥法为理论基础研究而成的一种水体净化方法。其分为两个阶段，第一个阶段是缺氧段，即A段，主要是破坏有毒有害微生物的生物连接，实现个体分离；第二个阶段为好氧段，即O段，是针对微生物的技术处理阶段，对于好氧菌类有着较为明显的效果。此种技术效果好，见效快，但是对于技术操作要求严格，并且管理必须规范。

4. 复合自我恢复方法

近自然景观讲究水体的自我净化能力，在源头排污处建立过滤池和氧化池。首先在城市滨水区的源头建立一处较深的过滤池，在含有杂质的过滤池中高处放置滤网，杂质留在滤网中，污水通过地下管道流向下一污水池中，将水中的杂质废物做初步过滤，过滤出的杂质留在较深的腐化池中，经过长期腐化发酵所得肥料可用于滨水区植物的施肥。经过过滤的水流向第二个过滤池，此过滤池是深度较浅面积较大的过滤池。污水经过此处在空气中长期氧化，可以消除水中的厌氧细菌以及各种有害菌群。第三处过滤池可以种植水生植物，水生植物再次代谢吸收水中有毒物质，经过三次过滤得到净化水体。此过程也是模仿自然界水体自我净化的过程，所需人工管理较少，经济投入较少。

5.3.2 合理利用滨水区域土地

1. 滨水区景观规划中存在的问题

从调查研究实践看，滨水区域土地存在的问题：首先是土地使用功能杂乱，导致土地整体的利用率以及使用功能较低，城市滨水区景观规划相对落后与城市整体的发展不协调。由于当前滨水地区沿岸与河流距离较近的土地已经被开发，与河流距离较远的滨水地区缺乏滨水景观的开发价值，并且滨水区的规划零散破碎缺乏整体性。只有将滨水地区的土地资源进行合理规划，才能更好地将滨水地区周边土地与滨水景观相融合，更好地创造滨水近自然景观。其次是滨水地区用地结构单一，缺乏长远综合效益。城市滨水区在开发过程中，应对土地资源综合规划、开发、利用、管理。

滨水景观规划设计中，土地规划以及开发要遵循的原则是：首先，遵循可持续全方位统筹发展，控制完善现行规划方案机制，合理开发利用滨水区土地资源，避免开发不足以及开发过度所造成的土地资源浪费；其次，注重全面协调可持续发展；最后，以尊重自然生态规律实施开发。

2. 土地利用合理化设计的调查研究

围绕滨水设计区域的土地利用合理化设计，应从以下几个方面进行调查研究：

(1) 滨水区背景分析。滨水景观设计规划工作阶段，主要对规划区域、景观区域进行充分的调研，对于区域内的自然生态环境进行感性认识和数据采集分析，其目的是保证规划设计内的生态平衡和空间合理有效布局利用。在科研调查阶段，要充分了解设计区域的自然生态情况、历史文化传、区域发展规划等诸多方面可能影响景观设计的背景资料。

(2) 滨水区域土地规划的标志性地段识别。在规划设计总体时，应该对物种多样性较高的生态群落、生态网格、生态单元以及关键节点，对抗人为干扰能力较弱并且对景观生态系统稳定性影响大的生态单元进行保护性改造建设。保留保护近自然元素，对具有地方性特色的生态植物群落和具有文化、历史人文特点的生态景观进行保护建设，突出滨水景观的近自然环境特点。

(3) 滨水区域土地的生态性规划。在充分调查研究的基础上，对于景观规划区域的优势、劣势进行分析，通过规划的科学性、整体性进行有效的改善、修复，实现土地景观规划的可靠性、科学性、实用性、观赏性，从而达到景观生态修复作用、人文体验作用和社会发展作用的整体目标。依照以上这些标准和需求，改变如今的景观规划设计格局，也是滨水近自然景观规划设计格局优化的重要过程。

5.3.3 营造近自然滨水景观植物群落

1. “天人合一”的生态建设理念

传统中国园林设计理念中，环境、大自然与人的结合是最为重要的设计思想，也就是中国传统思想中的“天人合一”，这种设计思想在当代以生态文明为基础和发展方向的园林设计中也是核心的指导思想。强调人与自然直接的结合，通过生态可持续发展，人与自然和谐相处是“天人合一”最重要的观点。“天”是自然的总体，“人”则是指人类；天与人的关系相当于人和自然的关系。自然万物共处一个世界与自然环境是“天人合一”的主旨，人与自然的和谐，也就是天与人的相处和谐，相互促进相互发展，形成统一体。当代园林设计理念中，特别是滨水生态园林的景观更应突出人与自然和谐相处的设计理念（图 5.3、图 5.4）。

图 5.3 广西壮族自治区桂林市阳朔县桃花源景区

图 5.4 湖南省长沙市湘江江畔

2. 遵循植物多样性原则

从人与自然和谐相处、协同发展的理念出发，把生态物种的多样性与当代人类对于生态功能自然园林景观的需求结合起来，是遵循植物多样性原则。根据园林生态植物学的学科要求和发展需求，在滨水园林景观设计中要实现空间资源的合理开发、使用，把草本植物与灌木、乔木等其他物种植物有机结合起来，提高城市园林和绿化的覆盖率，同时将多植物物种的结合与城市发展的整体风格、区域特点相结合，形成滨水园林景观体现城市风格的重要载体，这样既实现了滨水近自然园林景观设计的独特性，又体现了城市风格的一体化（图 5.5）。

3. 合理的亲水设施

(1) 丰富的社会型的文化多样性。

城市文化是城市风格的重要组成部分，滨水风景园林设计不但要实现景观设计的独特性、植物物种的多样性，同时还要将城市文化融入滨水风景园林的设计中。

图 5.5　辽宁省大连市滨海路

通过设计彰显城市的文化，城市的区域特色，把城市的自然、植物特点与城市的历史传承紧密地结合起来。通过精心设计的园林，体现城市文化的精髓。富有内涵的亲水设施，使观赏者在感官上有贴近自然的感觉，可以增加观赏者的思考，增加观赏者与滨水景观的亲密程度，增加滨水近自然景观的体验感（图 5.6）。

图 5.6　泰国芭提雅水上市场

(2) 合理的、丰富的视觉多样性。

城市滨水风景园林的设计还应体现视觉的丰富性。在充分掌握滨水园林区域不同的地理环境、植物种类和水资源分布特点的基础上，在设计的过程中，考虑每种元素的充分利用、合理使用，使设计的视觉效果达到丰富且不杂乱，增加滨水景观的视觉多样性。亲水设施可以增加观赏者亲近水边的兴趣，增加观赏者与水亲近的几率，使观赏者与滨水景观更加亲近（图 5.7、图 5.8）。

图 5.7　仙河亲水休闲公园亲水平台

图 5.8　哈尔滨马家沟亲水木栈道

(3) 色彩多样性及质感变化的创造。

亲水设施的材料质感及色彩可以具有多样的特征表达，可以带来不同的感觉。在这方面国内设计师俞孔坚的设计是非常值得借鉴的。他在设计位于秦皇岛的汤河滨江公园时，既保留了公园内原有的绿色生态走廊，又独具匠心地加入了一条红色飘带。在材料方面选择了钢结构，既提高了安全性，又突出了自身独特的设计思想，将滨水园林设计的功能性发挥到最大，实现了人与自然，人与景观的合理有效使用。特别对于漫步、植物物种的选取、照明等方面都尽可能地满足了市民的需求。通过他的设计能够最大限度地满足市民休闲、观赏的需求，是国内设计中的上佳之作。

(4) 使用功能的多样性。

滨水园林景观设计中，在体现以上诸多方面要求的同时，还应体现空间利用的高效性，不但有观赏的作用，还应满足游客对于锻炼、休闲的需求。把景观设计与游客观赏、休闲、运动有机结合起来，吸引游客纷至沓来。

为了实现使用功能的多样性，不但要考虑设计的独特性和合理性，还要充分利用园区内各种特色设施和休闲功能满足游客的需求，呈现与城市风格同步的多功能景观园林，体现园林景观设计的价值。

5.4 滨水近自然景观区域特色设计

5.4.1 因地制宜的景观规划设计

滨水近自然景观的设计最重要的是因地制宜，体现区域和地域特色，充分尊重景观设计区域的地质条件、自然物种和气候特征，结合近自然滨水设计的主题对原有的地形、资源等进行合理的规划建设。通过相关关系论证，形成互相连接的生物系统。

《园冶》是我国历史上关于园林景观设计方面非常有影响力的著作，这本明代著作中的一些思想至今为园林设计者所借鉴。这本书中提到：园林设计不拘泥于方向，地势高低错落更有乐趣，景观设计需随意，可以根据山形走势，根据水流特点等。这些文字的表述都是倡导园林景观设计中的“因地制宜”思想的，“因地制宜”最为核心的观点就是根据景观设计工地的实际地貌进行设计。

5.4.2 适应自然条件的植物设计

景观设计中，植物的选择至关重要，在植物的选取上首先要考虑气候因素，这其中包括植物温度要求、水文特点要求等多个方面。在建筑材料的使用方面也要考虑气候对建筑材料的要求。这些要素都须以设计的园林景观的气候特征为前提。

设计材料选用的本土化也是设计过程中十分重要的要素，在滨水近自然景观设计过程中使用当地特有或者具有当地特色的建筑材料和施工材料，能够更好地适应区域气候特点，保证施工的效果和景观质量的持久性，同时也能保证当地人们对于景观的认可程度。

5.4.3 传承城市文化的内涵设计

挖掘地域传统文化，提升滨水区文化内涵，设计要体现浓郁的城市文化与人文特色才能够吸引更多的关注与认可。这种城市文化与人文特色要充分考虑对城市发展历史的传承和市民对于城市记忆中的重点。通过既充分发挥自然物种、相关景观的特色又与城市文化、历史传承、城市记忆相互结合的滨水近自然景观设计，实现当地地市文化传统建设具有地域、文化特色的滨水近自然景观。

综上所述，滨水近自然景观的区域特色设计的核心是要建设回归自然具有自我恢复能力的城市滨水近自然景观。从滨水近自然景观设计区域的水质量治理、植物生存环境的保护与改善、湿地功能的实现、驳岸功能多样化、特色滨水廊道的建设、城市文化传承与历史追忆等六个方面来设计建设，实现植物物种的多样性、文化的深厚度、设计的整体性和活动的功能性。

5.5　国内生态滨水景观案例分析

5.5.1　成都府南河综合治理工程及效果

1. 成都府南河历史沿革

1993年成都市针对府南河恶劣的水环境状况开展全面的治理规划工程。成都府南河由府河和南河共同组成，是一条与成都历史一样悠久的河流，两条河流共同穿过成都市区境内，形成了成都市区境内丰富的自然景观。但由于改革开放、工业化建设、不断增加的人口数量、年久失修、洪水成患等原因，导致府南河环境恶劣，水质恶化，成都市民称之为“腐烂河”。成都府南河的改造规划工程是现代化生态城市建设的需要，同样也是市民追求高品质生活的需求（图5.9）。

图5.9　成都府南河治理前

2. 府南河治理综合工程效果

府南河治理综合工程以实现环境改造、社会建设、经济发展几个方面的和谐可持续发展为目标。府南河治理综合工程包括生态环境改善、路面综合治理、历史文化传承、水环境治理等四个方面。通过水体净化、道路系统改造、绿化建设、文化历史传承共同构建城市滨水景观新格局，为市民提供了良好的生态、休闲、运动、娱乐环境，也改善了城市自然生态环境（图5.10）。

5.5.2　泗河生态河流治理工程及效果

1. 泗河历史沿革

泗河属淮河流域四湖水系，古代称泗水，河流全长159km，流经河道面积2357km^2，

图 5.10　成都府南河治理后

是济宁市境内最大的泄洪通道，全年平均水资源总容量为 4.3 亿 m^3，泗河平均年降水量丰富，水质良好，是当地城市生活用水的主要供给水源。泗河流域存在的生态问题：一是河道过长、空间跨度大，造成不同地区降水量不均匀，河道基流不稳；二是水污染严重，局部河段水环境恶化；三是地下水开采过量，地下水水位下降严重；四是河流生态系统受到损毁，生态环境恶化（图 5.11）。

图 5.11　泗河治理前

2. 泗河治理与管理

以建设生态河岸为总体目标，通过保护水面，还河道以空间；保持河道自然的蜿蜒曲折；采取适当措施建设生态护岸；绿化泗河生态堤岸以及控制水质污染；建设生态湿地；生态湿地布局；合理种植水生植物；适量放养水生动物；发展生态旅游等方式建设生态城市近自然景观（图 5.12）。

图 5.12　泗河环境改造后

5.6 结　　语

随着经济的发展和人类对居住条件要求的提升，更多的城市建筑出现，导致城市绿地被侵占，城市生态遭到破坏，人类赖以生存的水资源遭到污染。为了满足现代化城市建设，许多城市内河、城市湿地都被侵占，或被建设成与高楼林立相配套的硬质驳岸，以及硬质铺装广场的滨水景观，失去了滨水景观原有的自然风貌，使得城市环境毫无自然生机，城市人群常年生活在钢筋水泥铸造的钢铁森林中，加之较快的生活节奏，身心得不到放松，无疑对城市人群的心理以及身体健康是无益的。通过本章理论研习、对实践案例的综合分析及对设计相关技术手段的研究，得出以下结论：

（1）生态滨水“近自然”主题的河岸带成为城市可持续发展的重要组成部分。传统意义的河岸带的功能主要体现在防止自然灾害，保护城市安全的作用，这与人们不断提高的休闲、舒适、享受的生态环境有着很大的差距，也严重掣肘了生态城市的构建与可持续发展。

（2）在城市河岸带建立集安全防护、健身休闲、观光旅游等多功能于一体的生态城市滨水“近自然”景观带成为时代赋予风景园林学、美学、建筑学等多学科一个崭新的课题。

（3）通过全新的顶层设计、中长期规划、政策支持，构建符合生态城市发展需求的城市河流景观带，在城市内部河流治理的同时，实现生态平衡、贴近自然的生态滨水“近自然”城市水景观带具有强烈的时代意义与紧迫性，与现行的生态文明紧密结合并与时俱进，尊重自然、回归自然、按照自然规律实现人与自然的有机结合，从而达到国民经济效益、社会效益、生态效益三者有机的结合，成为生态滨水“近自然”河岸景观带研究的主旨。

第6章 水文化

无水则无江，无江则无谓江东江西。水是人类生活的重要资源，人类文明大多起源于大江大河流域。水造就了所有民族的历史，自从人类社会形成以后，水与文化便不可分离，人水关系伴随着人类社会发展的始终。

习近平总书记明确指出：“一个国家、一个民族的强盛，总是以文化兴盛为支撑的，中华民族伟大复兴需要以中华文化发展繁荣为条件。”水文化建设是社会主义文化建设的重要组成部分，也是新时期水生态文明建设的重要任务。水生态文明建设从表面上看是维护良好的水生态系统，但其实质是构建人水和谐的经济社会发展模式。该模式的建立不仅依靠生态修复工程，更重要的是建立保护和维护人水和谐的制度体系和人们的生态环境友好的道德体系。水文化是构建人水和谐制度和道德体系的最根本方法，建设和发扬水文化是水生态文明建设的最主要内容之一。

6.1 水文化内涵

6.1.1 水文化的概念及与人类的关系

1. 水文化的概念

水文化，是指人类在生存生活过程中与水发生关系所生成的各种文化现象的总和，是民族文化以水为载体的文化集合体。水文化的实质是人在涉水活动中产生的人与水的关系，以及人水关系影响下人与人之间的关系。人水关系伴随着人类发展的始终，涉及社会生活的方方面面。经济、政治、科学、文学、艺术、宗教、民俗、军事、体育等各个领域，均蕴含着丰富的水文化因子，水文化具有深厚的内涵和广阔的外延。

2. 水文化与人类的关系

世界文化源远流长，水势滔滔的尼罗河孕育了灿烂的古埃及文明；幼发拉底河的消长荣枯明显地影响了古巴比伦王国的盛衰兴亡；地中海沿岸的自然环境，显然是古希腊文化的摇篮；流淌在东方的两条大河——黄河与长江，则滋润了蕴藉深厚的中原文化和绚烂多姿的楚文化。可以说每条河流和每个湖泊都有自己的故事，每座城市都有水源及水的故事，如杭州的西湖与钱塘江、上海的黄浦江与苏州河、武汉的长江与汉江、北京的永定河、天津的海河，等等。弘扬城市或者地区水文化，就是从中找出人水和谐的规律和道理，探索人类经济社会可持续发展之路，同时给人们带来创新、休闲和幸福生活的环境。

水文化是人类社会实践的产物，人是创造文化的主体，涉水活动是产生水文化的源泉。而水作为一种自然资源，自身并不能生成文化，只有当人类的生产生活与水发生了关系，人类有了利用水、治理水、节约水、保护水以及亲近水、鉴赏水等方面的实践，有了对水的认识和思考，才会产生文化。同时，水作为一种载体，通过打上人文的烙印，构成十分丰富的文化资源，包括：物质的——经过人工打造的水环境、水工程、水工具等；制度的——人们对水的利用、开发、治理、配置、节约、保护以及协调水与经济社会发展关系过程中所形成的法律法规、规程规范以及组织形态、管理体制、运行机制等；精神的——人类在与水打交道过程中创造的非实在性财富，如水科学、水哲学、水文艺、水宗教等。与此同时，这些在人水关系中产生的特色鲜明、张力十足的文化成果，反过来又起到"化人"的作用——通过不断汲取水文化的养分，能滋润心灵世界，培育"若水向善，乐水进取"等品格和情怀。

6.1.2 水文化的结构

水文化的基本结构，是指各类水文化内容之间彼此交错联系而形成的一种系统的框架和结构。水文化作为人类文化的重要组成部分，是一个庞大的文化体系。水文化可以划分为物质水文化、制度水文化及精神水文化三大方面。

1. 物质水文化

物质水文化，是指人类在饮水、用水、治水、管水、赏水等实践活动中创造的物质财富的总和，是人们水观念的外在、具体的表现形式。主要包括融入人们思想情感的水形态、水工具、水工程、水环境、水景观等。

水工具是人们在用水、治水、管水、护水、节水等过程中创制出的各种器皿、用具，如人类为了繁衍生息所发明的汲水、储水、饮水等工具。汲水工具如竹筒、木桶、葫芦、皮口袋、陶器、铁筒、辘轳、压水井、机电抽水机等；储水工具如水槽、陶瓮、水缸、水箱、水壶等；煮水器具如陶罐、陶壶、铁锅、铁壶等；饮水器皿如陶碗、陶杯、陶壶、葫芦瓢、竹筒、瓷（铁）碗、瓷（铁）杯等。

水工程是在江河、湖泊和地下水资源上开发、利用、控制、调配和保护水资源的各类工程建筑。人类在与水相依的同时，还要与水害进行抗争，在除害兴利的过程中，水工程应运而生。著名的有以郑国渠、都江堰为代表的灌溉工程，以黄河大堤、荆江大堤、洪泽湖大堤为代表的防洪工程，以灵渠、京杭运河为代表的水运工程，以江浙海塘为代表的海塘工程等，这些都是中华先民用勤劳和智慧铸就的水利丰碑。20世纪80年代以来兴建的引滦入津、黄河小浪底、新安江、长江三峡、南水北调等大型工程，堪称现代水利工程中的经典之作。

水景观中，河流、湖泊、水库、井泉、池塘、瀑布等，经过打上人文的烙印，体现出的奔腾向前、浩瀚无垠、汩汩涌冒、一泓清流、飞流直下等形态面貌，构成了多彩多姿的水景观，在物质和精神上影响着人们的生活。

2. 制度水文化

制度水文化，是指人们对水的利用、开发、治理、配置、节约、保护以及协调水与经济社会发展关系过程中所形成的法律法规、规程规范以及组织形态、管理体制、运行机制等构成的外显文化，是水文化的格式化和规范化。

制度水文化中最显要的部分是法律法规体系。秦汉以后，出现了专门的水利法律法规，比如汉朝的《水令》、唐朝的《水部式》、北宋的《农田水利约束》、金朝的《河防令》等。当代，经过多年的努力，形成了以《中华人民共和国水法》为核心的较为完备的水法规体系。

中国古代的水利职官制度，包括管理水利的政府机构、官职设置、权力授予、决策程序和运行机制等，相沿成习，代有发展，深深渗透到国家机器之中。比如，夏商周三代，我国司水的官称为冬官或水官。秦汉时，中央政府水利事务分别由太常、少府、大司农掌管，地方的郡县也“置水官，主平水”，称都水缘或都水长；还有由皇帝临时指派的河堤都尉、河堤使者、河堤谒者等，或负责赈济水灾工作，或主持堵复决口等事宜。隋唐以后，逐渐形成了条块结合、分工明晰的水行政与专业管理体系。再如，明清时，鉴于黄河、淮河、运河等河道管理和漕运的重要性和复杂性，创立了河漕总督制度，并逐渐形成了完备的管理体系。从清代起，河道总督与漕运总督的责任严格分开，漕运总督只管漕粮运输，河道总督负责黄河、运河、永定河等河道的治理。

在我国，民间以乡规民约形式实施的用水分配与管理，也是水制度文化的重要组成方面。例如，我国古代对农田灌溉渠道的管理，除干渠外，支渠、斗渠以下，一般由民间管理，管理者多为乡村德高望重者，称渠长、堰长、头人、会长、长老等。渠长等管理人员的主要职责，除了调配水量，保证公平外，还有组织渠道维修养护劳动、计收水费等。

3. 精神水文化

精神水文化是指人类在与水打交道过程中创造的非实在性财富，主要包括水科学、水风俗等。古代各国曾经产生过众多的水神，有江神、河神、湖神、海神、泽神、池神、泉神等，祈雨是中华水崇拜的重要表现形式，中国传统文化中的有大量水传说和故事，如东海龙王，这些神话、传说和习俗都是传统水文化中的重要内容。大禹治水、西门豹治邺、李冰父子与都江堰、贾让治水三策等都是科学治水的经典，至今指导着水利人治水和管水。

在漫漫的历史长河中，水不仅是哺育人类生命的乳汁，也是滋润人类精神与灵魂的甘泉。道家的开山鼻祖老子则把水放在哲学层面来审视，以至于有人说老子的哲学就是水性哲学，在老子眼中，水性如“道”，他说：“上善若水，水利万物而不争，处众人之所恶，故几于道”；战国末期的大儒荀子说：“冰，水为之，而寒于水”“不积小流，无以成江海”，强调学习做事循序渐进，终将实现从量变到质变的突破。治水活动不仅参与了中华物质文明的创造，而且参与了精神文明的创造。古代的大禹治水“身执耒锸，以民为先，抑洪水十三年，三过家门而不入”的献身精神，疏堵结合、以疏为主的科学治水思想等，现代的红旗渠精神、“98”抗洪精神，都已成为中华民族精神的重要组成部分（图 6.1）。

图 6.1 精神水文化

水文化的三大基本结构互相联系、互相作用、互相促进，构成一个有机联系的整体。物质水文化是水文化的外在表现和载体，是制度水文化和精神水文化的物质基础；制度水文化是水文化的规范化和格式化，对物质水文化和精神水文化的形成具有重要影响；精神水文化是一种观念形态的水文化集合，在整个水文化体系中处于核心和灵魂的地位。物质层面的文化是“易碎品”，很容易在自然和人为的风吹雨打下“风化”、改变甚至消失；制度层面的文化具有相对的稳定性，革故鼎新需要较长的时间；精神层面的文化则最为稳定，变化缓慢，甚至千年不易，历久弥新。

6.1.3 水文化的属性

属性是指某种事物所具有的性质和特点，水文化的属性表现在社会属性、政治属性、时代属性、民族属性、地域属性等方面。

1. 社会属性

水与人类社会的生产生活关系最为密切，由人类涉水活动而生的水文化，可谓色彩斑斓，洋洋大观，水文化具有广泛的社会性。

（1）哲学领域：水在人类探索世界万物本源时扮演着十分重要的角色。《管子·水地》认为“水是万物的本原”。

（2）经济领域：水是农业的命脉，是工业的血液，是交通的载体等，涉及社会经济的各个领域。

（3）医学领域：古人视水为百药之王，把水疗作为廉价、简单、实用的保健措施。汉代医学家张仲景在《伤寒论》中提到：“水入于经，其血乃成。”今人也越来越重视“水疗”“水补”及“水药”在养生和调治某些病中的作用。

（4）军事领域：护城河等水体具有重要的军事防御功能，以水防守、绝水御敌、以水代兵的战例可谓屡见不鲜。中国古代的城大多是城池并重，也有通过筑坝拦断河水或开渠将河水改道以断绝敌军水源或凿暗道泄放敌军用水等。

（5）宗教领域：水被赋予清洁身心、净化灵魂等寓意。如基督教，把洗礼即教徒加入教会的仪式作为新生的象征，施行方式主要有洒水礼和受浸礼；佛教中观音菩萨的形象是一手执柳枝、一手执净瓶，表示观音能普施甘露，普度众生。

（6）风俗领域：由于水与人们的生产、生活息息相关，因而衍生了“水味十足”的民风民俗，如天旱祈雨、三月三水边祓禊、端午节龙舟竞渡、七夕沐浴汲圣小、中元节放河灯等。

（7）体育领域：与水相关的体育活动有赛龙舟、游泳、垂钓、滑冰、滑雪、跳水等，体育与水文化在交融中迸发出神奇的魅力。

（8）文学艺术领域：水对中国传统文学艺术有着巨大的影响。水既是文学艺术表现的对象，又是启迪文心和艺术匠心的源泉。诗是中国古代文学最早出现，也是最重要的表现形式之一。《诗经》中记述古代劳动人民在江河两岸劳动生息的诗篇有六七十首之多。“坎坎伐檀兮，置之河之干兮，河水清且涟猗”“蒹葭苍苍，白露为霜。所谓伊人，在水一方”“关关雎鸠，在河之洲”。李白近1000首诗，有470余处出现“水”，杜甫所作的1400首诗，有370余处与水相韵，白居易的2900余首诗，有760处牵系水景。在我国成语中，也有大量与水有关的典故或比喻，如“水流云散”“水流花谢”“水阔山高”“水枯石烂”“水尽山穷”“水洁冰清”“水火相济，盐梅相成”“水火不兼容”“水可载舟，亦可覆舟”等。

2. 政治属性

水的特殊性决定了水文化与政治有着无法分割的关系，突出表现在治水、祭水和水情折射政情等方面。

中国自大禹治水催生了中国历史第一个王朝国家以后，通过治理江河、兴修水利，才逐渐在平原地区扎下根来，进一步开疆拓土，繁衍人口，发展经济，推动社会的文明进步。“善治国者必先治水”，中国历史上各个王朝的统治者，无不把兴修水利作为施政的要务，从来不把“治水”作为单纯的技术问题，而是作为重大的政治问题来对待。“国之大事，在祀与戎。”早在商周时代，祭祀与战争就成国家政治生活中的两件最为重要的大事，祭祀的对象是天地日月、名山大川、祖先等，祭祀的目的是祈求各路神灵保佑农业丰收、六畜兴旺、战争胜利、工程告成、健康长寿等。在周代，长江、黄河、淮河、济水等四条独流入海的河道就成了周天子祭祀的对象，在对水神的祭祀方面，除地位崇高的大江大河之神外，海神、湖神、泉神、井神等也成了人们崇拜的对象，官民同祭，一直延续至近代。

古代社会，水情一直是王朝政治兴衰的“晴雨表”。“昔伊、洛竭而夏亡，河竭而商亡。……山崩川竭，亡之征也。”流域大面积干旱引发自然灾害，由于当时人类抵御自然灾害的能力有限，加之统治者救灾不力和政治腐败，遂使大旱成为导火索，引发社会动荡，导致了政权的垮台。但古人在“天人感应”的观念下，把河川枯竭与夏、商的灭亡联系起来。有此前车之鉴，后世不少统治者颇重视“天意”，如果老天示警降下水旱等灾害，帝王就会深刻反躬自省，并采取斋戒、祭天、减膳、释放宫女、救济饥荒、罢免有过官员、平反冤狱、大赦天下、求直言甚至下《罪己诏》等方式，来弥补政治缺失，并求得老天的宽恕。老天示警，修德免灾。

3. 时代属性

任何文化都是历史长河中不断继承、发展和积淀的产物，不同时代所处的生产力水平以及世情、水情等方面的差异，使水文化在不同的时代也呈现出不同的样式和特征。

原始社会时期，人类为了生存，既想利用水，依江河而居，又害怕水灾，尽量在江河的台地或离江河稍远的丘陵高地一带居住。其文化特征是消极地“趋利避害”，这一阶段，水多人少，水强人弱，水和自然界其他自然力共同主宰着人类的命运，人被动地适应水，与水的关系处于一种原始的和谐状态。

进入农业文明社会后，人类在敬畏自然、顺应自然的基础上，开始在一定范围内改造自然，以营造理想的生存空间。在遵循水的自然规律的同时，通过治水活动防水之害取水之利，如建设较大型的防洪、灌溉和航运工程。黄河大堤、都江堰、京杭大运河，堪称中国古代水利工程的典范，分别代表农耕文明时代水利的三个重要功能：防洪、灌溉、航运。

随着工业文明的出现，人类改造自然的能力得到空前的提升，人与自然的关系从一种较为和谐的状态逐渐发展为一种以人为中心的征服与被征服的关系。在“让高山低头，让河水让路”的观念主导下，一度对水的侵害达到了无以复加的地步，不但与河湖争水争地，而且大肆向河湖排污，致使不少地方有水皆污。

面对资源紧缺、环境污染严重、生态系统退化的严峻形势，人类在痛定思痛之后，开始自觉地调整天人关系，并向中国传统文化的精华——“道法自然、天人合一”归复，逐渐变征服自然、改造自然为尊重自然、顺应自然、保护自然。我国进入新世纪后，明确提出生态文明建设的奋斗目标，强调既要“金山银山”，也要“绿水青山”，以重构“天人和谐”的新境界。对水资源的开发利用，既要“水利”，也要做到“利水”，从而形成良性循环，使水可持续地“利人”，进而达到“人水相应”，实现人水和谐。

4. 民族属性

不同民族所处的特殊地理环境和生存方式，使他们在适应水、治理水、利用水的过程中，产生了一系列的亲水、敬水、节水、护水等行为，并以宗教、习俗、禁忌和乡规民约等形式表现出来。傣族、纳西族、回族等少数民族在用水风俗习惯方面尽显不同的特色。泼水节是傣族最富民族特色的节日；沐浴成为回族最重要的风俗之一，既是爱清洁、讲卫生的需要，也可以修养心性、德性。

5. 地域属性

地域文化是指特定区域源远流长、独具特色，传承至今仍发挥作用的文化现象，是特定区域的生态、民俗、传统、习惯等表现。生态环境决定文化形态，一定的生态类型与一定的文化形态相对应，正所谓一方水土养一方人、一方水土孕育一方文化。

6.2　水文化遗产的发掘与保护

我国的水文化历史悠久、形式多样、内涵深刻，水文化遗产具有重要的历史、文化、科学、艺术、经济和水利功能。中华民族五千年治水史创造了光辉灿烂的水文化，留下了弥足珍贵的水文化遗产。

根据水利部调查数据显示，我国现存水文化遗产 56582 处，其中，水利工程与设施共计 3337 处，井泉池塘 18627 处，涉水祭祀建筑物 2751 处，涉水交通设施 31736 处。现存的水文化遗产，分布超过 5000 处的省份有四个：浙江 8617 处、四川 5266 处、江西 5126 处、广东 5051 处。这些文化遗产承载着中华民族的悠久历史，凝聚着中华民族的辉煌创造，镌刻着中华民族的伟大精神，是水文化传承的重要载体，也是中华民族的文化瑰宝。表 6.1 为陕西省水文化遗产一览表（仅列举西安市）。

表 6.1　　陕西省西安市水文化遗产一览表

类型	池、湖、库	峡、溪、瀑、河	泉、井、潭	洞、渡、渠、坝	桥	亭、碑	其　他
水文化遗产名称	西安鱼化湖、丰庆宫遗址、兴庆宫遗址、昆明池、太液池、曲江池、上善池、翠华山湫池、镐京滈池、丰京灵沼、渼坡湖	西安护城河泾渭分明	梆子井、广运潭、西安甜水井、咽瓠泉、华清池温泉、蓝田东汤峪温泉、曲江寒窑遗址公园三姐泉	漕运明渠、通济渠、沣惠渠、涝惠渠、黑惠渠、普华古堰渠、蓝田孟村干沟留淤坝、黄土岭涵洞	古灞桥遗址、东渭桥遗址、沣河秦渡镇大桥西桥		蓝桥河引水工程、白马谷引水工程、库峪河引水工程、汤峪河引水工程

6.2.1　水文化遗产的内涵

水文化遗产为人类在水事活动中形成的具有较高历史、艺术、科学等价值的文物、遗址、建筑以及各种传统文化表现形式，是物质水文化遗产和非物质水文化遗产的总和。水文化遗产是水文化传承的核心价值和表现形式，是我国文化遗产的重要组成部分，是人类治水文明的深刻体现和突出代表，是历史留存下来的宝贵财富，具有重要的价值。

6.2.2　水文化遗产的价值

水文化遗产的价值可以从以下五个方面来理解。

1. 历史文化价值

水文化遗产是人类水事活动中的遗存物，是人类治水历史和社会发展的见证，不同的历史时代、不同地域、不同民族呈现出不同的历史文化特征。水文化遗产具有重要的历史文化价值，表现在三方面：

（1）记录历史文化。非物质文化遗产当中许多记录人类的水事活动，表述了人类与水的关系，广泛流传于民间的神话、传说、史诗、歌谣、文学、故事中含有大量的水事历史题材，是水文化遗产的重要内容。

（2）表征社会发展水平。水文化的历史性、时代性可以表征出古代的总体社会经济发展水平，一方面水事活动可以体现古代社会经济状况、农业生产水平，另一方面通过人与水的协调关系可以透视社会政治、文化艺术和哲学思想。

（3）传承优秀文化成果和精神思想。水文化是中华民族文化的母体文化，融合和集聚了中华儿女优秀的劳动创造和文化成果，是民族文化的精髓。“治国者必先治水”，治水理念经提炼后可以形成治国理念，甚至可以上升为哲学思想，并对宗教信仰、道德文化、人生哲理产生深刻影响。

2. 艺术价值

水文化遗产当中有许多凝聚着人类的艺术成果，有的甚至成为艺术珍品。水文化遗产的艺术价值主要体现在建筑设计、美术工艺、风景园林、文学戏曲等方面。运河两岸的街巷弄堂大多沿河而筑，形成了一条条水巷街道，房屋多为骑楼和木楼瓦屋，古桥数量众多，造型精美，船只、码头、茶楼、河埠、仓库林立，评话、弹词以及水上的“欢歌渔唱”等民间曲艺盛行，具有运河人家的独特韵味。

图 6.2　江西泰和槎滩陂

3. 科技价值

水文化遗产的科技价值是古人在社会实践中所形成的对自然、社会的认知和创新。我国一些文化遗产充分展示了古代社会较高的科技水平。属于世界文化遗产的中国大运河工程利用河道自然弯道引力，解决了引水、泄洪和排沙的统一性问题，充分展示了古代水利工程设计上的科学性和创造性。江西省泰和县的槎滩陂（图 6.2），采用先进的设计理念和完善的古代水利工程管理制度，使得这座水利工程虽历千年风雨，仍发挥着显著的灌溉效益。

4. 经济价值

水文化遗产由于凝聚了人类的劳动和智慧，具有较高的历史、艺术和科学价值，是人类宝贵的物质和精神财富，属于稀缺性文化资源，因此具有重要的经济价值。水文化遗产作为旅游业和经济社会发展的重要资源，正逐步受到重视，并得到开发利用。文化旅游近些年来发展迅猛，水文化遗产在其中发挥了重要的作用。各地通过文化搭台、经济唱戏，起到示范引领的作用，带动了社会经济的发展。

图 6.3 京杭大运河

5. 水利功能价值

水文化遗产尤其是重要的水利设施具有一定水利功能，有的至今仍然发挥着重要的作用，承担着防洪、排涝、通航、灌溉、引水等功能。如都江堰仍灌溉着成都平原，京杭大运河（图 6.3）仍然是南北水运的重要航道。

6.2.3 水文化遗产保护利用措施

水文化遗产保护利用措施主要包括以下方面。

1. 加强教育宣传

加强水文化的宣传推广，加强水文化遗产保护的宣传，提高民众保护意识，充分认识水文化的价值，进一步提升其社会影响力。

2. 建立健全法律保障体系

欧美等发达等国已针对文化遗产设有专门的法律法规体系。我国 1982 年颁布的《文物保护法》是文化遗产保护的根本法。目前，我国住房和城乡建设部已有有关历史文化名城名镇名村保护的法律体系，农业部有有关农业文化遗产保护的法律体系。遗憾的是，我国乃至世界其他国家依然尚未出台针对水文化遗产保护的法律法规。水文化遗产保护的相关法律法规尚待建立健全。

3. 实施科学的保护和开发

保护和继承水文化遗产，在保护传承的基础上，科学合理利用水文化遗产，通过科学合理利用促进水文化遗产的保护传承，实现水文化遗产资源的可持续发展。要把保护、传承水文化遗产与促进经济发展结合起来，加快发展水文化产业，打造水文化遗产知名品牌，有条件的地方要充分发挥水文化遗产的资源优势和特色优势。

6.3 水 文 化 教 育

随着《水文化建设规划纲要（2011—2020 年）》的颁布，水文化建设进入一个新的发展时期。水文化建设包括理论研究与实践应用两大领域，犹如鸟之两翼，缺一不可。就水利实践来看，水文化应用主要体现在工程规划、设计、施工、管理等环节。除此之外，还有一个重要方面就是加强水文化教育，水文化教育是促进理论研究与实践结合的有效途径。

6.3.1 水文化教育的概念

广义的水文化教育是人们在水事活动中进行的以水为载体的各种教育的总和，是文化教育中以水为核心的教育集合体。把水文化的教育作为公民品德与社会教育的重要内容，既传播了中华民族的优秀文化，又使学生及社会公众在水文化教育中心灵上得到启示、品德上得到提升。

水文化教育概念提出的初衷是实现人与自然的永续相处，“人水和谐”是水文化教育的核心价值观。在当代的水资源开发、保护、利用中，需要强化全社会的水文化教育意识，这种意识是当代社会保护水资源，人类社会可持续发展的文化基础。从表面看，水危机的产生是人类社会不断向水与自然过度索取的结果。而从更深的层面分析，水危机的产生是水文化教育发展滞后和缺失所致，水文化教育是解决水危机的基础性工作。

6.3.2 水文化教育的意义

《水文化建设规划纲要（2011—2020年）》指出：“把水文化教育列入水利院校教育课程体系，并作为水利系统职工教育培训的重要内容。”“针对不同对象，分层次、有重点地开展水文化教育。”中共中央非常重视水利事业的发展，尤其是2011年中央一号文件《中共中央 国务院关于加快水利改革发展的决定》中指出：“加大力度宣传国情水情，提高全民水患意识、节水意识、水资源保护意识，广泛动员全社会力量参与水利建设。把水情教育纳入国民素质教育体系和中小学教育课程体系，作为各级领导干部和公务员教育培训的重要内容。”在水资源、水生态、水环境不断恶化的今天，人们已经认识到水危机产生的根源就在于缺乏水文化教育或水文化教育发展滞后。

解决我国日益严重的水问题，不仅要充分利用现代科学技术，也需要从水文化教育的角度审视思想和观念、目标和行动、政策和方略，正确认识水的功能，注重水文化教育建设，全面发挥水文化教育的作用。

水文化教育将凸显水利与社会、水利与经济、水利与文化、水利与历史、水利与环境的相辅相成。水文化教育对形成人人“安全用水、节约用水、生态用水、文明用水”的良好氛围，促进资源节约型、环境友好型社会建设的意义重大。尤其是水文化教育中的文学艺术成分具有良好的美育功能，有利于提高人们的审美情趣，陶冶情操和武装头脑，对人们的精神文化有潜移默化的推动作用。全面实施水文化教育已成为高校大学生素质教育的重要内容，水利院校应积极探索水文化教育的实施途径，为构建人水和谐的文明社会做出积极贡献。

6.3.3 水文化教育的内容

水文化教育的内容即由我国的水历史、水文化、水资源、水警示、水法规、节水知识、水利科技、社会实践等构成，并以教化、存史、熏陶、怡情、传播等功能演绎水文化教育。

水文化教育资源包括：

(1) 流域及流域上的水利工程，如江、河、湖、湿地等自然资源；分蓄洪工程，如护城河、水利风景、水利遗址等名胜古迹。这类水文化教育资源具有认知、启智、审美、怡情以及思想政治教育和实习实训等教育功能。

(2) 历代管水治水的文献资料。中华人民共和国成立以来有关水事活动的政策法规、管理办法，以及与水有关的乡规民约等。这类水文化教育资源具有培养民主精神，进行法制教育，形成自律意识，加强行为约束，引导探究学习等教育功能。

(3) 人们在利用水、治理水、开发水、保护水和欣赏水的社会生活实践中形成的思想观念、价值体系、科学知识、民间故事、杰出人物、民族精神等。这类水文化教育资源具有品德教育、习惯养成、情感熏陶、精神激励等教育功能。

(4) 工业节水、农业节水、生活节水的方法及节水的法规。这类水文化教育资源具有提高学生的节水意识、培养节水习惯等教育功能。

6.3.4 水文化传播

水文化具有独特的地域性，水文化的发展不仅需要继承祖先的水文化智慧，还需要吸收借鉴各种外来的水文化精髓。如何传播水文化影响决定了本地域文化的发展方向和速度。水文化传播的途径主要有以下几种形式。

1. 新闻出版

通过新闻出版传播水文化的研究成果。水利部与各地市创刊的水文化刊物为广大水利工作者和关心水文化的社会各界提供了一个探讨、研究、互动的窗口平台。1995年，中国水利文协和松辽委创办了《水文化》刊物；2007年，由中国水利职工思想政治工作研究会、水利部精神文明建设指导委员会办公室主办的《水利职工思想政治工作研究》更名为《中国水文化》。此外，还有《大江文艺》《三峡论坛》《浙江水文化》《江西水文化》《广东水文化》《江河》《东西南北水文化》等杂志，以及《中国水利》、《水利发展研究》、《水利经济》、《河海大学学报》(社科版)、《华北水利水电学院学报》(社科版)、《三峡大学学报》(社科版)、《南昌工程学院学报》、《治淮》、《海河水利》、《北京水务》、《江苏水利》等刊物开设的“水文化”专栏。

长期以来，这些水文化刊物坚持正确的办刊方向，宣传党的方针政策，宣传可持续发展治水思路，宣传水利发展改革成就，宣传“献身、负责、求实”的水利行业精神，弘扬主旋律，唱响正气歌，建设水文化，发挥了十分重要的作用。

2. 水文化研讨会、论坛

举办研讨会、论坛等活动逐步扩大水文化影响力。除中国水利文协先后召开了五次全国性的水文化研讨会之外，许多省市也先后成立了水文化研究组织，举办了各种形式的水文化研讨会、论坛等活动。长江水利委员会每年的“长江之春艺术节”都把征集水文化论文、开展水文化研讨作为重要内容。

3. 水文化节

开展水文化节，推出“水文化”节专题活动。2006年世界水日的主题是“水与文化”。我国“水文化”节的专题活动也层出不穷，推陈出新。如泰州举办的水城水乡国际旅游节，桂林国际山水文化旅游节，常州“留住一桶水——节水达人”，杭州大运河文化节，平湖新埭泖水文化节，都江堰清明放水节等水文化节系列活动。

4. 水文化主题广场

建设水文化广场，打造水文化长廊，彰显水文化的魅力与胜景。都江堰水文化广场、浙江绍兴护城河的文化广场、天津海河文化广场、渭河水文化长廊、南京秦淮河风光带建设、贡水文化长廊、泰安市天平湖公园水文化长廊、泰州市区水环境建设等都融入了水文化的丰富内涵，大大提高了水利工程的文化品位，成为传承水文化的重要载体。运河杭州段是江南水文化遗产的长廊，其本身就是一件古老的文物——两岸古老的街巷建筑、名人史迹、风俗掌故、神话传说等，构成了一个庞大的运河历史文化群落，成为杭州文化历史宝库中不可或缺的组成部分。

5. 水利风景区

水利风景区是水文化传播的重要渠道。水利风景区在维护工程安全、涵养水源、保护生态、改善人居环境、拉动区域经济发展诸方面都发挥着重要作用，实现了生态环境效益、经济效益和社会效益的有机统一。水利风景区吸引人的地方还在于在这里人们能够触摸到由人与水和谐共处所形成的水文化。不论是体现人类改造自然、驯服水害的宏伟的水利工程，还是供游人休闲娱乐的优雅舒适的人工景观；不论是风景区地关于水的各种传说逸闻，还是当地各种特有物品和特有工艺，都具有无可比拟的人文价值。把这些治水文化、工程文化和当地的特色文化深度挖掘、巧妙组合，展示给旅游者，给游客留下深刻印象，使水文化得到有效的传承。

6. 水文化主题博物馆

水利博物馆、水文化博物馆成为传播水文化的重要阵地。全国各地建设了一批水利博物馆、水文化博物馆，如中国水利博物馆、黄河水利博物馆、京杭运河博物馆、宁夏水利博物馆；扬州水文化博物馆、上海黄浦江水文化博物馆、长江水文化生态博物馆、滨州水文化馆等，并将水利博物馆、水文化博物馆建设成“全国青少年爱国主义教育基地”“全国节水示范基地”“大中专院校教学实习基地”“环境保护示范基地”“文化产业发展示范基地”。

7. “互联网+”水文化传播

随着网络技术的快速发展，互联网成为传播水文化的重要载体。为配合联合国“生命之水”国际行动，2007年中国水利职工思想政治工作研究会创办了中国水文化，2012年11月水利部新闻宣传中心主办的水利宣传与水文化网开通……目前，全国涉及水文化内容的网站已达30多个，初步估计约有十万项水文化的选项，受众的覆盖面和内容的辐射面是传统媒体难以做到的。要把水文化的丰富资源与现代数字、网络技术结合起来，充分利用网上即时通信群组、微信、微博、博客、播客、搜索引擎等互动平台的功能优势，使互联网技术为传播水文化服务。

6.4　水工程与水文化有机融合案例

近年来，水利系统各地各单位高度重视水文化建设，涌现出一大批富涵水文化元素的精品水利工程，展现了治水兴水的人文关怀和文化魅力。2017 年 7 月，水利部精神文明建设指导委员会办公室评选出十例“水工程与水文化有机融合案例”。本书摘录了四川省都江堰水利工程及江苏省江都水利枢纽工程。

6.4.1　四川省都江堰水利工程

1. 基本情况

都江堰水利工程（图 6.4）位于四川省成都市都江堰市灌口镇，是中国建设于古代并使用至今的大型水利工程，被誉为“世界水利文化的鼻祖”。都江堰水利工程是由秦国蜀郡太守李冰及其子率众于公元前 256 年左右修建的，是全世界迄今为止年代最久、唯一留存、以无坝引水为特征的宏大水利工程，也是全国重点文物保护单位。2000 年联合国世界遗产委员会第 24 届大会上，由于都江堰水利工程历史悠久、规模宏大、布局合理、运行科学且与环境和谐结合，在历史和科学方面具有突出的普遍价值，因此被确定为世界文化遗产。

都江堰渠首枢纽主要由鱼嘴、飞沙堰、宝瓶口三大主体工程构成（图 6.4）。三者有机配合，相互制约，协调运行，引水灌田，分洪减灾，具有“分四六，平潦旱”的功效。

(a) 鱼嘴　　(b) 飞沙堰　　(c) 宝瓶口

图 6.4　都江堰水利工程

2. 工程文化建设做法和成效

都江堰的水文化体系建设包括了都江堰水利工程的文化精髓和都江堰管理局的单位文化建设，也就是都江堰物质文化、行为文化、制度文化、精神文化的总和。

（1）都江堰物质文化建设与成效。

都江堰 2270 多年的历史积淀了丰富的物质文化基础，都江堰渠首三大工程、竹笼、杩槎、干砌卵石、都江堰闸群……无不体现了科学治水和与时俱进的文化内涵。当代都江堰人又将这一文化内涵融入工程建设管理、发展单位环境文化、建设都江堰爱国主义教育基地等，传承和发展了新的物质文化。

都江堰之所以两千多年运行不辍，就是因为始终与时俱进地将科学治水思想贯穿于都江堰的建设和管理之中。在漫长的农业文明时代，社会生产力水平的相对落后和长期停滞，使社会对水资源的需求处于低水平状态。都江堰采用竹笼、杩槎等水工技术满足了成都平原的用水需要，催生了美丽富饶的天府之国。20世纪中叶，随着工业文明时代的到来和灌区社会经济的迅猛发展，都江堰水资源的需求目标也发生了巨大的变化。为了适应不断扩大的用水需求，都江堰利用现代技术，以机械化的水闸和标准化的渠系取代了传统的工程技术，水资源利用效率大幅度提高。与此同时，通过多年的扩（改）建工程建设及续建配套与节水改造，灌区主要病险工程和“卡脖子”工程得到有效治理，工程抗灾能力明显增强，供水保证率进一步提高。经过中华人民共和国成立后60多年的建设和发展，都江堰浇灌了四川1/3的农田，生产了四川1/3的商品粮食，养活了四川1/3的人口，同时还担负着灌区内城镇供水、防洪、发电、水产、种植、旅游、生态、环保等多目标综合服务的任务。在当下的信息时代，面对中国实现全面建成小康社会的目标，面对粮食需求增加和生态环境质量下降的压力，把水的问题放到人口、资源和环境协调发展的社会大背景下进行重新审视，努力建设民主化、数字化、法制化和节水型灌区，寻求一个既满足当代人的需要，又不对满足后代人需求的能力构成危害的水利可持续发展的新模式。

每年清明，都要举办盛大的“都江堰放水节”，发扬都江堰传统文化魅力，宣传都江堰水利工程现代发展规划，这个节日已经被列入国家首批非物质文化遗产。在文化建设中，也形成了很多物化的成果。例如，都江堰水利博览馆运用光电、声音、幻影成像等技术，通过大量图片、实物、模型，充分展示了都江堰丰富的物质文化内涵；在都江堰鱼嘴设立了由江泽民同志题写碑名的“都江堰”碑，彰显都江堰的丰功伟绩；在飞沙堰建成了“都江堰实灌一千万亩纪念碑”，在松潘县境内的岷江源头设立“岷江源”碑，示以珍惜、保护岷江水源，确保都江堰永续利用，实现人水和谐。

（2）都江堰制度文化建设与成效。

都江堰2270多年永葆青春，不仅在工程技术上科学治水、与时俱进，更是在运行和管理中尊重科学规律，不断积累总结经验，不断完善维修管理制度。这些制度及法规极大地丰富了都江堰的制度文化的内容。

都江堰工程管理制度集中体现在“三字经”“六字诀”“八字格言”等古老的维护管理制度上。传统的“三字经”“六字诀”“八字格言”的治理方法，起到了引水灌溉、分洪减灾的作用，维系了都江堰2270多年的持续发展。近代，又提出了《都江堰流域兴利除害计划书》《都江堰流域堰务管理处办事细则》等制度，逐步开始了对都江堰立章建制的规范管理。近年来，针对都江堰的灌溉面积不断增加，各类用水需求不断增长。在春灌用水期间，岷江来水水量正值枯期，而灌区用水又是高峰期，用水矛盾十分突出的情况，都江堰在供水上坚持“水权集中、统一调度、分级管理”的原则，灌区供水计划的执行调度权由都江堰管理局行使，灌区各管理处及其各管理站负责有关干渠的输水和支渠的配水工作，并按指定地点执行交接水制度，实现了灌区的均衡受益。与此同时，都江堰民主协商用水计划的制度、水情测报制度、轮灌制度、水费征收制度、工程岁修制度等各项制度都建立健全，使都江堰水利管理各项工作都有制度可循。都江堰还制定了“五个必须”“五个不准”的用水纪律，确保各项用水制度的落实。都江堰的发展伴随着工程管理、水量分配、水费征收等制度的不断发展和完善，正是用制度规范的行为，保持了都江堰经久不衰，确保了都江堰2270多年来的持续利用。

都江堰历来就依法管理。早在蜀汉时期，诸葛亮在灌区九里堤颁布了《护堤令》，是为我国最早的江河管理通告。中华人民共和国成立后，20世纪50年代至70年代，都江堰管理主要依据水利政策和规章制度，80年代则主要依据《中华人民共和国水法》等国家和省的普遍法。1997年6月16日，酝酿已久的《四川省都江堰水利工程管理条例》正式颁布实施，这标志着都江堰水利管理走上了法制化轨道。2003年，又以修订后的《中华人民共和国水法》等法律法规为依据，对《四川省都江堰水利工程管理条例》进行了修正，以加强水利工程和水源的统一管理和保护、厉行节约用水和水质保护，强化法律责任等为重点，既适应现代水法规的发展趋势，也适应都江堰水利现代化的要求。

（3）都江堰行为文化建设与成效。

历代治蜀者均以治水为重，而治水者又以治都江堰为重。都江堰之所以2270多年可持续发展，是因为历代水利人励精图治、不断创新，当代水利人也继承了这一鼓励创新、弘扬先进的行为文化。

先进的单位行为文化是劳动者德才水平、献身精神、事业心和责任感的集中体现，它不是自发产生的，而是劳动者对单位长期实践经验认识和社会发展要求的结果。作为迈入新世纪的水利工程管理单位，都江堰管理局十分重视鼓励创新行为，增强单位对外竞争力。鼓励广大干部职工积极参加生产和社会实践，以自己的新思想、新观念、新思维和新的价值取向，投入到科技创新行为中去。在水利管理手段上，引入了“数字都江堰”系统，及时把握水情，远程监控水闸，增强了水量调度的准确性、科学性；在工程建设上，继承、发扬、创新和发展了都江堰传统工程技术，将现代技术全面引入灌区建设与管理，促进新材料、新技术、新工艺、新办法的开发和应用。不断地创新收获了硕果累累：编印了《都江堰水利发展与文化丛书》，拍摄了《古堰长流》《水神》《盛世兴水》等电视片，完成了《都江堰水利可持续发展战略研究》《数字都江堰》《都江堰水利工程管理体制改革实施方案》等一批重要科研成果，其中《都江堰水利可持续发展战略研究》课题、都江堰渠首水情水质监测及调度决策支持系统均被评为四川省科技进步三等奖。

（4）都江堰精神文化建设与成效。

千百年来，历代水利人为保护和建设都江堰作出了不可磨灭的贡献。开拓创新、勤劳智慧、吃苦耐劳、无私奉献的李冰精神也得到了世代传承和发展。当代都江堰人在弘扬“献身、负责、求实”的行业精神的基础上，又努力培育自身的精神成果和文化观念。

结合都江堰传统文化，从波澜壮阔的水利实践中汲取时代精神，将“献身、负责、求实”的水利行业精神和“开拓创新、勤劳智慧、吃苦耐劳、无私奉献”的李冰精神结合起来，树立起都江堰水利人的文明形象。

都江堰历代治水中，不管是无坝引水还是闸群调水，始终体现了“以人为本、人水和谐”的治水理念。

6.4.2 江苏省江都水利枢纽工程

1. 基本情况

南水北调东线的源头工程——江都水利枢纽地处江苏省扬州市境内京杭大运河、新通扬运河和淮河入江水道交汇处，南濒长江、北连淮河，始建于1958年，至1977年建成，主要由4座大型电力抽水站、12座大中型水闸以及输变电工程、引排河道组成，具有灌溉、排涝、泄洪、通航、发电、改善生态环境等综合功能，其中江都抽水站设计流量400m³/s，共装机33台套，装机容量55800kW，相应最大抽水能力508m³/s，是亚洲最大的电力排灌工程。该工程既是伟大治淮的重要节点工程，又是江苏江水北调的龙头工程，被誉为“江淮明珠”，并先后获得“国家优质工程金奖”“中国百年百项杰出土木工程”“国家水利风景区”“全国绿化模范单位”“全国文明单位”等殊荣。

江都水利枢纽工程（图6.5）是我国第一座自行设计、制造、安装和管理的大型泵站群，其规划布局合理、设计施工科学、运行管理规范、工程效益显著，堪称江苏乃全国治水的典范。该工程气势恢宏，融合江淮与运河水文化以及扬州地域文化，水利工程与生态文明相辅相成，历史印记与现代人文交相辉映，水利特质与东线“源头”特征融为一体。

图6.5 江都水利枢纽工程

工程景观主要有：江都水利枢纽工程包括江都一站、二站、三站、四站等4座大型电力抽水站，万福闸、金湾闸、太平闸、江都西闸、芒稻闸等5座大型水闸，江都东闸、江都送水闸、邵仙闸洞、运盐闸、邵伯节制闸、宜陵闸、宜陵北闸等7座中型水闸，邵仙套闸、三里窑闸、五里窑闸等3座船闸，以及输变电工程、引排河道等。

自然景观主要有江都水利枢纽植物园，园内收集了亚热带和温带各种观赏植物，并以单元绿化为主体，设置科学试验园、科普展示园、竹景园、喜树园、海棠园、香樟园、水生植物园、药用树木园、乡土树木园等9个园区和银杏大道（黄金大道）观光带、松柏径等两条景观大道，以及以金湾闸水杉林为主题打造的金湾生态园。

人文景观主要有源头纪念碑、流韵雕塑、园中园、江石溪碑亭、龙川广场、仙女游园、斗野园、江都水利枢纽科普园、跑鱼公园等20多处。配套设施包括迎宾馆、园中园东西园、芒稻茶社、江苏省水利职业技能鉴定与实训基地、江苏南水北调展示馆等。

在建设发展中，该处始终注重从水利工程功能性、哲学性、文化性、美学性出发，提高水利工程文化品位。建设高标准、规范化的防洪抗旱工程，并把工程建设与水土保持、河湖管理、生态保护相结合，统筹兼顾，充分发挥水利工程整体效益；通过治水实践形成科学治水辩证思想，启发创新观念，注重文化传承，引领科技进步；注重将水工程与水文化建设融为一体，不断提升文化服务功能，挖掘文化内涵，建设生态景观，以拓展水文化扩大水工程的影响力。

2. 工程文化建设做法和成效

(1) 工程设计中的建筑美学运用。

江都水利枢纽工程在建设及不断加固改造中，实现从单纯注重功能和工程安全向注重功能、效益、质量、美观的综合体现转变，按照客观规律对水体进行创作，注重水利工程与现代建筑艺术同步发展，赋予其“美”的感染力。

一是对称布局几何造型空间：江都水利枢纽总平面布置呈现站闸相连、轴形分布、岛形地貌特点，四座大型泵站“一”字排开，等分排列于近似长方体的绿岛之上。

二是集结时代元素塑造建筑：四座泵站主体建筑不仅通过空间和形体、比例和尺度、色彩和质感等方面的设计构成艺术形象，并且在墙体外观装饰中保留了时代审美情趣。虽然分别进行了更新改造，但坚持“整旧如旧”原则，充分保留时代印记的雕塑、标语及水刷石、彩色水磨石、红砖以及引桥栏杆上的红五星造型，突显时代特征。其中江都第三抽水站兴建处于“文革”时期，在其泵房两端矗立着“三面红旗”，墙体刻有“世界人民大团结万岁”“伟大的中国共产党万岁”等红色标语；江都第四抽水站建于20世纪70年代，加固改造依旧采用具有当时建筑特色的斩假石，以及回形纹水泥廊架，工程外观尊重历史，具有显著的时代特色。

三是配套建筑力求异质同构：中心工程区四座大型泵站分别坐落于水域绿岛之上，配套工程、办公等设施也合理分布其中，总平面设计满足建筑物之间的内在联系要求，合理划分功能区，保持内部交通的简洁流畅。办公、生活等配套建筑效仿扬州园林布局设计，大量使用总图形态进行递归，利用分形生成建筑群韵律感。水工建筑在生成方式上与扬州地域特征产生呼应，亭台楼阁在造型上相似迭代的特征也极其明显，设计更具有机性、更符合当代审美要求。

(2) 水利景观中的水脉人文保留。

江都水路枢纽工程所辖水闸工程，由于地处水运交通枢纽和商贸重镇，擅舟楫之便，得人文之胜，具有诸多深厚的历史底蕴，因此淮河、运河留下的水脉人文佳话众多。该处注重在工程建管中把握水脉，让丰富的水利人文得以保存。

一是万福闸——讲述淮河归江沿革：治淮在历史上经历了明代“分淮经运河入江”，清代“导淮入江”“淮水归海归江”等阶段。错落淮河入江水道上的十座水坝统称“归江十坝”。江都水利枢纽所辖水闸中，万福闸、太平闸、金湾闸是“淮河归江十坝”功能在当代水利演变的典型代表。在万福闸等工程建管中注重水文化基因保存，把归江文化融入水利工程建设。“归江史话”长廊以归江十坝为主线及其因淮河入江水道演变形成的“七河八岛”为创作主线；万福闸上下游翼墙以治淮为主题，铭刻治淮人物创作《溯淮》《万福怀古》，以十九座现代杰出治淮工程石雕装饰翼墙围栏，让厚重的水利史与水工程相互交融。

二是邵伯闸——重现运河古迹风韵：早在东晋太元年间，邵伯就有谢安筑埭的记载，所筑之埭鉴证了千年古运河的兴衰，具有深厚的水文化历史。隶属江都水利枢纽工程的邵伯节制闸位于邵伯运河故道上，其前身建设经费来源于英国返还的“庚子赔款”。在当代建设与改造中，闸体采用仿古建筑，与邵伯千年古镇环境相融合，与河岸护堤及沿古街两边现存明清古宅相呼应。节制闸左侧是复建的斗野亭，面临邵伯湖，凭眺湖光浩渺，历史上曾吸引诸多文人墨客来此观景赋诗，堪称绝妙。斗野园内保存着清康熙三十八年，黄河、淮河大水，河道总督张鹏翮用于安置在淮河、黄河、运河等处用以镇水的16具铁犀之一，水文化遗存保护完好。

三是芒稻闸——酝酿漕运文化积淀：嘉靖时，淮水流向扬州还无通道，明万历二十四年“分黄导淮”，淮水由芒稻河入江，创淮水入江之始，遂成为明代排泄淮水入江的主要门户，而享盛名。清雍正十年，江南河道总督嵇曾筠奏请官辖蟒导河闸（芒稻闸前身），当时的芒稻闸即有“归江第一尾闾”之名也是江淮流域漕运之路的重要隘口，清乾隆年间曾发生了著名的“漕盐之争”。芒稻闸以历史为背景打造了水文化墙，讲述官辖芒稻闸以及“漕盐之争”始末，重现芒稻闸上谕碑之风，铭记此段治水佳话。同时，以《后汉书·郡国志》记载杜、康两位仙女治水救人传说为主题，兴建仙女游园。园内仙女像坐落在成荫花草，参天树木之中，守护着古老运河的安澜。

（3）文化创设中的水利主题展示。

水利景观创设中注重水文化重要因子，并将生态文明理念注入其中。通过水域空间营造、建筑设施表达、水工建筑美化、文化体验设计等，使水利工程和水域环境具有独特的人文特色和艺术美感，让新建水文化景观成为传承水利精神、民族精神的载体。

一是创新发展特色源头文化：江都水利枢纽工程是江苏省江水北调龙头和国家南水北调东线源头，伴随着50年的建设与发展，形成了具有“源头”特色的水文化。江都第一抽水站出水口附近，建有源头广场，内置“源头”巨石，基座刻有同名赋文。“流韵”雕塑与其相望，共同寓意此处为南水北调水上公路起点。“流韵”雕塑具有丰富设计内涵，与江都一站正门两侧“引源、厚泽、卓创、致远”辉映，具有江都水利枢纽工程专属象征含义。相距不远的江都西闸建有“南水北调第一闸”文化石，与之遥相呼应的还有江都东闸的《临江都闸怀古》文化墙。在南水北调东线一期工程江苏数据中心内设有展示厅，通过声光电形式直观展示南水北调东线工程的功能、作用、建管历程等。

二是注重保护当代人文记录：日本侵华万福闸遇难同胞纪念碑屹立于万福闸西首，是1995年为纪念抗日战争胜利50周年而建。该白色大理石镶嵌书状碑体，碑文记录“万福血案”始末，碑侧排列雪松，庄严肃穆，是扬州地区重要的爱国主义教育基地。“江石溪碑亭”为纪念江都籍爱国人士江石溪而建，银杏树掩映碑亭结合的主体建筑，被两层白玉栏杆环绕，坐立高台，为典型的仿古建筑，抱柱悬挂楹联。江都水利枢纽科普园建于2015年，科普园与万福闸管理所环境融为一体，分为“归江史话”“古代水利”“闸门启闭”“水文观测”“科技创新”五部分，可纵观百年治水史。与扬州城市建设联动，以万福闸鱼道为主题打造跑鱼河公园，给广大市民提供了亲水科普活动空间，传递人与自然、城市与水利的和谐统一理念。

三是持续打造生态文明景观：江都水利枢纽植物园在尊重植物自然状态的原则上，依托各节点工程，营造大面积绿化带。主题植物园分布其中，形成良好的绿色空间。同时，依据泵站据点位置，加强河道、河堤人性化设计，充分考虑观赏者可能到达的角度和位置，因地制宜，巧妙布局沿岸水文亭、亲水平台等亭台楼榭，打造成“流轴景”“对岸景”。“黄金大道”两侧有102棵树龄50年以上的银杏树，是江都水利枢纽工程建设顺应回归自然水域景观发展主流，最具代表的生态景观和生态名片。此外，自然形成的苇荡、人工种植的柳岸，丰富了水利工程整体空间造型，防止水土流失，并为生物、动物的生长和生存创造必要条件。

在50多年的建设与发展中，江都水利枢纽工程始终注重水利工程的功能性利用、哲学性利用、文化性利用以及美学性利用，结合美学，把握水脉，融合文化，打造具有东线“源头”特征，并凝结水工程、水生态、水文化精华的水陆空间。

第7章 水 经 济

7.1 水资源经济

水资源作为一种可再生的有限资源，如何兴利除害为社会可持续发展服务，如何在实践中解决水资源经济等问题，如何在理论上丰富和发展“水资源经济”，就成为当今有待研究的一个问题。

7.1.1 水资源经济的含义

资源经济由一般经济学中分立出来，水资源经济属于资源经济中的一个组成部分，水资源经济学正是在这种形式的推动下发展起来的。尽管美国在20世纪30年代就提出对河道整治和防洪工程等进行效益与成本的计算，但直到50年代以后才提出由政府批准的各项政策、标准和方法的文件，将经济环境、总的国民经济和地区经济、水资源工程的财务分析、不同方案的年效益比较、综合利用水资源工程的投资分摊等逐渐完善。其他国家也多在这个时期开始重视水资源经济方面的工作。同其他自然资源一样，水资源在被人类开发利用过程中，必然会出现人与水资源间的各种联系，并扩展到有关各类自然资源与环境的联系。水资源经济则主要是研究水资源的开发、利用与保护过程和社会经济发展的关系，以及这些过程的经济、社会和环境效益，研究在这些过程中投入与产出的最大经济效益。

在国外，水资源经济的范畴包括水资源治理（防洪、治涝及河道整治）、利用（工农业及城市供水、水力发电、内河航运）、保护（污染检测和废污水治理）等每个过程中各个环节的经济问题。在中国，由于水利业务和水利科学的发展，水利经济已初步形成了独立的学科体系，在中国当前平行存在“水利”和“水资源”用语，但两者之间有所不同。同样，“水利经济”和“水资源经济”的内涵也有所不同，水利经济应当研究探讨的问题，包括全部水利工作的各个方面的经济和社会效益，这些问题在有些国家被全部列入水资源经济学的范畴。由于我国存在综合性很强的水利事业，水资源作为一种行业的代称只作为综合水利行业的一个分支，但在各部门职能有所分工的情况下，又可超出水利的行业范围，涵盖其他用水的行业。因此，水资源学与经济学相结合而产生的这个经济学中的新分支——水资源经济学，也自然具有其必要性。但根据中国的具体情况，水资源经济应当是水利经济中的一个独立分支。水资源经济和水利经济的不同点在于它们范围的不同，水利经济学范畴中除水资源经济外，还包括防洪经济和治涝经济、水工程建设技术经济、工程移民安置中的经济问题等；而水资源经济则侧重于对水资源规划中的合理分配与调度、水资源管理与资源保护等方面的经济问题。所以水资源经济应当是研究在水资源的开发利用和保护过程中，运用经济学的原理和方法，探讨水资源在不同自然条件下对不同用水部门和地区间的合理调配、综合利用及改善环境中，如何以最小的人力、物力和财力代价，取得在经济、社会和环境方面的综合效益。

7.1.2 水资源经济的特点

1. 特殊性

水资源经济的主要研究对象和其他自然资源相比具有特殊性。主要是在过去人们往往有一种误区，认为地球上淡水资源通过自然循环可以源源不断地供给，几乎在地面上除极特殊的少数地区外，都比较容易获取水，可以取之不尽，用之不竭，因而对水的认识大大不同于各种矿产资源。因为后者在地球形成过程中一旦开采就很难再生，而水则通过降水补充更新，可继续使用。尽管人们在实际生活中也意识到水的重要性，却对水的经济观念十分淡薄。水作为维持生命需要不可分割的生活要素，在当地水资源能满足人们生活需要时，并不感到水的珍贵，而当水的缺少危及人的生命安全时，水就成为无价之宝。

2. 商品性

在商品社会中，由于许多商品的生产过程中需要用水，水也就具有了一定的经济价值。为了用水，从开辟水源地到把水以各种方式送到用户手中，都需要投入一定的人力、物力和财力，这种送到使用者手中的水也增加了经济价值。在1992年召开的联合国环境与发展大会上通过的《21世纪议程》中，对水的社会性和商品性作出如下说明："水是生态系统的重要组成部分，水是一种自然资源，也是一种社会物品和有价物品。水资源的数量和质量决定了它的用途和性质。为此目的，考虑到水生态系统的运行和水资源的持续性，水资源必须予以保护，以便满足并协调人类活动对水的需求。在开发利用水资源时，必须优先满足人的基本需要和保护生态系统。但是，当需要超过和谐基本要求时，就应该向用户适当收取水费。"这表明水有时需要被视为一种商品，而且水是一种具有特殊性质的商品，是人类生存条件最基本的要求，所以有时又不能完全以商品来对待。因而在水的分配上，有时不能完全按经济法则办事。当洪水泛滥时，水变成一种有害物，又完全脱离了商品属性。

3. 价值性

水虽然在地球表面上几乎无处不在，但无论是出于什么目的来利用水，几乎不付出任何一点代价（劳动），都是不能直接把水送到需要点的。因而用水要通过人的加工，简单的如到河、湖边舀水、提水或担水，复杂点的要通过泵、管道或渠道把水送到用户手中，再有就是需要建设蓄、引、提工程或凿井工程等，以及天然水先经过过滤、净化和杀菌后再通过管网等给水设施送到用户手中，如市政公用水。经过这些加工，自然也就增加了水的经济价值，水的价格也会因所采取的工程措施的代价不同而各异。

4. 分布的不均衡性

地球上的水可以通过全球水文循环不断得到更新和补充，但因地球上各地的气候和地理条件不同，可更新的水资源数量在地球上各地的年分布有很大的不均匀性，在年际之间的变化和在一年内各季间的变化也很显著，从而使各地从自然界获得的水资源数量并不能每时每刻保持为一个固定数值，而呈现空间和时间上的随机性变化。

综上所述，水作为一种自然资源，既从属于土地，又因其可流动性从而不完全从属具有一定边界的特定土地。在现实世界中，几乎不论其国家的社会制度如何，都公认水资源属于国家所有。即使在土地私有的国家里，也多规定流经土地上河流的水不是归土地所有者所有。因此，在水资源的经济分析中，只以把水送到用户手中的耗费的劳动（也包括物化劳动）作为计算水成本的根据。然而，如同对待其他类别的非再生性自然资源的办法一样，为节约资源，控制开采量，国家作为自然资源的所有者，可以征收开采资源税。在一些水供需紧张的地区或国家，也有征收水资源税的做法。这种做法在中国则被称为征收水资源费，且暂时不由国家税务部门统一征收，而由水主管部门收取。

7.2 水资源经济学的研究对象和研究内容

7.2.1 水资源经济学的研究对象

根据人们对经济学的理解，水资源经济学可以定义为研究有关水资源经济活动的科学和研究水资源配置的科学，旨在使消费者以同样的水资源消耗获得尽可能大的效用满足或者以尽可能少的水资源消耗获得同样的效用满足，使生产者以同样的水资源投入获得尽可能高的产出水平或者以尽可能少的水资源投入获得同样的产出水平。

水资源的研究对象是有关水资源的经济活动，核心是水资源的配置问题，水资源具有十分广泛的用途和极其丰富的功能，大体上具有生活用水功能、生产用水功能和生态用水功能。水资源的这种多功能性，说明水资源经济活动包括人类对水资源的勘探、开发、利用、治理、保护、管理、节约、替代等各种活动，这就需要经济学研究如何将稀缺的水资源配置到人们最急需的地方去，以产生最高的效用。

一般来讲，在水资源经济活动中，水资源经济再生产活动包括生产、交换、分配和消费等过程。但经济再生产过程中的分配指的是收入的分配，包括收入的一次分配和二次分配过程。收入一次分配是企业通过市场竞争实现的收入分配，收入二次分配是通过政府税收、财政实现的收入分配。水资源经济活动中的分配过程应该指从事水资源经济活动的企业与其雇员和国家对经营所得收入的分配过程，这个分配过程不是对水资源的分配，而是对收入的分配。因此，不能混淆作为经济再生产过程一个环节的水资源经济活动中的收入分配过程与水资源配置。所以水资源经济学就是研究日渐稀缺的水资源优化配置问题的经济科学。

由于水资源的功能广泛，所以对水资源经济学的研究对象进行界定十分复杂。目前，国外只有斯蒂芬麦立特在《水资源经济学导论：国际视角》一书中用英语单词 Hydroeconomics 表述“水的经济学”或称“水资源经济学”。它认为水资源经济学的研究客体包括：河流、湖泊、湿地、近海水域的保护；陆地的排水系统；洪水防范和海岸保护；大坝项目；洁净水的供给；家庭、农业、工业和其他部门的水资源的使用；废水的处理及其排放。同时阐述了水资源经济学理论和政策分析的十大领域：①向家庭、农业、工业和其他部门供应符合质量标准的足够的水资源；②确保低收入家庭的洁净水的使用；③确保农牧业水资源的供给和使用；④净化家庭、农业和工业排放的污水；⑤防止洁净水供应和废水收集企业垄断权力的滥用；⑥保障城乡抗洪及其排水；⑦保护地表水和地下水循环流动的能力；⑧保护在所有洁净水和海洋水环境中的生物物种及其生活习惯；⑨减少和消除国际水资源冲突；⑩确保政府为了达到上述目标进行公共投资的支出的透明性。他的分析概括了水资源经济学研究的可能领域，但是并未对此进行严格界定。国内学者沈满洪教授认为水资源经济学涉及三个大的问题：一是如何把过多的水化害为利，这一部分可以称为水利经济学；二是如何使有限的水资源优化配置，这一部可以称为水资源经济学；三是如何防止和处置超过环境容量的废水排放，这一部分可以称为水环境经济学。同时把水资源经济学的研究对象概括为三个层次：第一层次，“狭义的水资源经济学”，只包括符合一定水质要求的水资源数量配置的研究内容；第二层次，“中义的水资源经济学”，同时包括水资源数量配置和水环境质量配置的研究内容；第三层次，“广义的水资源经济学”，同时包括水资源数量配置、水环境质量配置和水灾害防范等研究内容。

7.2.2　水资源经济学的性质

水资源经济学属于资源经济学的分支学科，又是资源科学的分支，属于经济学与资源科学的交叉科学。由于水资源经济活动在相当长时期里主要研究水利工程建设及水资源开发利用项目的经济可行性评价。随着水资源经济学研究的深化，该学科本身又出现了一些分支，不同的分支学科均有其独特的研究对象，并具有很强的工程经济学和技术经济学色彩。工程经济学、技术经济学是研究技术和经济矛盾关系的科学，是专门研究技术方案经济效益和经济效率问题的学科。主要包括技术经济学评价要素、经济学评价方法、可行性研究、可持续发展、价值工程和技术创新等内容。因此，水资源经济学的性质介于资源经济学与工程经济学、技术经济学之间，但更偏向于资源经济学，其背景是水资源经济活动已从强调水利工程建设转向水资源的可持续高效利用。正如水利部部长汪恕诚（2000）指出的：水利工作要从工程水利向资源水利转变。所以，水资源经济学除了水利工程项目经济评价外，更应该研究水资源供需变化的规律，重视水资源可持续利用与社会经济可持续发展之间关系的研究。

7.2.3　水资源经济学的研究内容

在社会主义市场经济前提下，水资源经济学既要承认水作为一种可以利用的自然资源是有价商品，又要兼顾水开发治理的社会公益性质，不能完全按市场经济规律办事。所以水资源经济学的研究内容包括水资源的合理配置和水资源优化配置的制度创新设计等方面。

1. 水资源配置的制度环境研究

水资源配置的制度环境包括水权制度、水市场制度、水行政管理体制和公众参与制度等。水权制度即水资源的产权制度，包括水权的初始划分制度和水权交易制度；水市场制度指水商品的生产和交易制度，包括水商品市场准入与退出制度、水价制度等；水行政管理体制包括水行政管理权限的划分、部门设置原则、职责、编制、工作程序等内容；水资源配置的公众参与制度指公众参与水事讨论、决策的制度。

2. 水资源价值的增损与转移规律的研究

在水资源开发利用过程中，水资源的价值是如何变化的？随着水的利用，水本身由清洁水变为废水，其本身的价值肯定也被消耗了，甚至从可被人类利用的正价值变成了对环境、对人类有害的负价值，对这一价值变化过程应该有定量的评价。但水资源的价值也不是被白白消耗的，而是在其利用过程中转化到了其他地方。例如：工农业用水的价值转化到了有关产品中、生活用水的价值转化成了人的生长和健康价值。

3. 水资源供给与需求规律研究

水资源供给规律既包括一定地理条件下水资源自然特性对供水的影响，也包括供水者在一定供水制度和环境下的行为选择对供水的影响，如干旱对供水的影响、水价对供水的影响等。水资源需求规律研究包括各类用水及其相关关系研究、单个用户的微观需水规律研究、社会总体的宏观需水规律研究、短时间尺度的短期需水规律研究与长时间尺度的长期需水规律研究等方面。

4. 水资源合理配置及项目可行性评价研究

主要包括合理配置可行性方案设计与选择、水资源配置的合理性评价及合理配置的技术。水资源项目经济可行性评价的核心是水资源利用的效益和成本分析，水资源利用效益是一切水资源开发利用活动的最终目的，也是水资源开发利用活动得以存在的意义所在。因此，对水资源开发利用效益的评价除了经济效益的评价之外，还包括社会效益和生态效益的评价。

7.2.4 水资源经济学研究进展

水资源经济学是伴随着水资源危机和水资源在社会经济发展中的重要地位而产生的，是自然资源经济学的分支，是水文水资源学和经济学的交叉学科。它应用经济理论及定量分析方法分析水资源开发经济系统的运转方式及经济系统、社会系统、生态环境系统的互相影响。它主要研究水资源的开发、利用和保护过程和社会经济发展的关系，以及这些过程的经济、社会、环境效益。尤其是在水资源日趋变化的条件下，如何运用经济学的手段，解决经济发展的问题，实现水资源的科学管理。当然，随着水资源经济学研究的深入，它的研究侧重领域也有所不同。

1. 国外水资源经济学的研究进展

水资源经济学在西方发达国家有较长的发展历史。早在20世纪30年代，美国水资源工作者就将成本—效益分析方法引入水资源工程项目的评价中，与部门的实际工作结合得最紧密。前期研究的侧重点主要在于水资源本身的价值研究以及对水资源和其他经济环境的估价。如有学者认为水的价值是在给定时间和给定地点为购买单位体积水的社会愿意和能够支付的最大值，或者采用机会成本的方法，即在既定时间、地点和水流条件下，当某人取走用水时，水资源所有者可以接受的每单位水的最小费用。1972年，杨格和格雷考察了几项实验，认为水的价值不可能超过最经济水源的边际成本。Schneider研究了一定用户需水量弹性，为研究节约用水提供了有益的经验。Murdock分析研究了用水预测中社会经济和人口统计特性的作用，将需水量与社会经济相结合，拓宽了水资源价值研究的范围。Wichelns（2004）的研究表明，通过灌溉用水划区收费促使减少排放量，提高了用水效率。Hayward 对收费产生的反应——水管理议案进行了分析，1995 年 9 月瑞典召开城市地区水综合管理国际研讨会，水资源和废水定价被列为重要议题。综上所述，研究的主要内容是水资源的定价和水资源的价值。进入 20 世纪 90 年代后，可持续发展的观念被广泛接受，也成为水资源经济学科的热点内容。

2. 国内水资源经济学研究进展

我国关于水资源经济学的研究起步较晚，结合国内的实际情况，在国外研究的基础上进行有侧重点的进攻。20 世纪 70 年代，侧重于水资源价值的评估，水价制定和水服务费用的收取，是水资源经济学研究的萌芽阶段，如 1979 年 11 月上海市革命委员会发布《上海市深井管理办法》。20 世纪 90 年代以来，国内学者对宏观经济的水资源管理进行了探索性的研究。中国水利水电科学研究院水资源研究所采用投入产出模型与线性规划模型相结合的方式，建立了宏观经济的水资源优化配置模型；水利部、中国科学院、国土资源部共同建立了西北地区的宏观经济水资源模型，为水资源开发利用提供依托。进入 21 世纪后，我国经济在快速发展的同时，也带来了一系列的生态环境问题。水是生态环境的控制因子，所以研究的重点是以水为核心因子的生态系统为人类提供的服务价值，如丰华丽于 2004 年提出水的服务功能主要指水资源的供给功能，即供给社会一定质量的水资源量的多少，用以维持人类健康、支持经济生产、稀释和运输废物、提供娱乐休闲等。我国水资源经济学的学者已经形成了既面向全球，又结合具体情况的新思路。

综上所述，如果从 20 世纪 30 年代开始的水利项目的经济评价算起，水资源经济学的历史不到 100 年。水资源经济学早期围绕水利工程展开，中期研究水资源保护的经济问题，现在增加或强化了管理、公众参与、市场的研究等内容。随着水资源学和经济学的发展，水资源经济学的研究内容也在拓展，其学科发展也在不断完善，水资源经济学的研究前景将会非常广阔。

7.3 水权、水价与水资源市场

7.3.1 水权

1. 水权的内涵

迄今为止，水权尚未有一个“权威”的定义，研究者常常根据实际需要进行界定。水权通常是指水资源稀缺条件下人们有关水资源权利的总和（包括自己或他人收益或受损的权利），其最终可以归结为水资源的所有权、经营权和使用权。水权与其他资产产权相比，具有明显的特征，主要表现为以下几个方面。

(1) 水权的非排他性。中国宪法规定，水资源归国家或集体所有，这样导致了水权二元结构的存在。从法律层面上来看，法律约束的水权具有无限的排他性，但从实践上来看，水权具有非排他性，这是水权的特征之一。中国现行的水权管理体制存在许多问题，理论上水权归国家或集体所有，实质上归部门或者地方所有，导致水资源优化配置障碍重重。以黄河为例，尽管成立了黄河水利委员会代理水利部行使权力，并且在黄河水管理上发挥了积极的作用，但水资源开发利用各自为政的现象没有从根本上得到改观。“水从门前过，不用白不用”“多用比少用好”等观念长期影响人们的用水行为。大量引水无疑加剧了黄河断流，引起更大的生态环境问题。国家水资源拥有的产权流于形式，水权强排他性转化为非排他性。

（2）水权的分离性和非完整性。根据中国的实际情况，水资源的所有权、经营权和使用权存在着严重的分离，这是由中国特有的水资源管理体制所决定的。在现行的法律框架下，水资源所有权归国家或集体所有，这是非常明确的，但纵观水资源开发利用全过程，国家总是自觉或不自觉地将水资源的经营权委授给地方或部门，而地方或部门本身也不是水资源的使用者，其通过一定的方式转移给最终使用者，水资源的所有者、经营者和使用者相分离，所以导致水权的非完整性。

（3）水权的外部性。由于水资源的特殊性和流域问题的外部性，水资源的使用具有外部性。如工厂排放的污水，污染了江河，渔业也会受到损伤，但对于受害者而言，这是一种负外部性。“上游污染，下游受害”就是典型的流域外部性的影响，不仅如此，如果上游过度使用水资源，就会导致下游水资源可利用量减少甚至干涸，给下游带来难以挽回的损失。当然，水资源的利用过程中也会产生正的外部性，如地区性大型水库的修建，由于改善了局部地区的小气候，可能给周边地区带来额外的效益，如增加旅游人数或创新的就业机会等。

（4）水权的可积蓄性。水权可积蓄性是指水权主题能够将其未用、剩余或节余的水权根据合法的程度储存至“水权银行”等部门，待以后需要时取出再用或进行转让等处置。水权积蓄的内容包括三个方面：水权积蓄的时间、水权积蓄的数量、水权积蓄的质量。

2. 用水目的与水权类型

由于水资源是流动的，用途多种多样，所以水权比一般的静态资源产权内涵丰富得多。水权类型与用水目的相联系，用水目的不同，水权类型就有差异。广义上的用水目的包括两类：一类是消费性用水，即从河系或地下水流域获取而未返回河流的总水量，如植物用水的蒸腾损失。水权分配通常是以引取的总量而不是以消费性用水量为基础。引水总量包括消费性用水量及输送、调度和其他损失。另一类是非消费性用水，包括水力发电、航运、渔业、水质控制、娱乐和其他出于美学目的的河道内用水。一般而言，灌区、工矿企业和城镇居民是消费性用水，需要获得水的永久使用权；而水电站属于河道内用水，不消耗水量，发电后水还是回到河道里供其他用水者使用，只不过自然的水流变成了人工控制的水流，因此水电站需要的是一定时间内对水的支配权。

3. 水权制度与比较

（1）水权制度与获取。

水权制度就是通过明晰水权，建立对水资源所有、使用、收益和处置的权力，形成一种与市场经济体制相适应的水资源权属管理制度，这种制度就是水权制度。水权制度体系由水资源所有制度、水资源使用制度和水权转让制度组成。水资源所有制度主要实现国家对水资源的所有权。地方水权制度建设，主要是使用制度和转让制度建设。一般情况下，水权获取必须由水行政主管部门颁发取水许可证并向国家缴纳水资源费。

（2）发达国家水权制度。

1）澳大利亚水权分配制度。

澳大利亚属于水资源相对稀缺的国家，其最早的水权制度来源于滨岸权制度。20 世纪初，联邦政府认识到河岸权制度不适合相对缺水的澳大利亚，通过立法将水权与土地所有权分离，明确水资源是公共资源，归州政府所有，由州政府调整和分配水权。跨洲河流使用水，由联邦政府各州达成分水协议。

由于政府巨大的财政压力以及水资源日益短缺、供需矛盾的加剧，澳大利亚于 20 世纪 80 年代便开始了水权交易。近 20 年来，澳大利亚水权转让的管理制度不断完善，许多州已形成了固定的水权市场，大大提高了水资源的配置效率。

澳大利亚水市场短期水权市场发展较快，长期水权市场发展缓慢，其原因主要有以下几个方面：一是因为生态和环境的目标，政府对水权仍然限制过多，导致产权的界定仍存在不明晰的现象；二是由于气候的原因，存在长期水权收益的不稳定性，以致投资长期水权风险太大；三是长期水权价格较高，每年价格范围是 0.4～1.2 澳元/m^3，而短期水权交易价格较低，每年价格范围是 0.02～0.04 澳元/m^3；四是交易成本过高使交易无法进行，长期水权交易需经过一定的法律程序，而且需要交纳相当高的税费。澳大利亚各州水权交易一般在州内进行，跨州转让由于涉及的因素较为复杂而受到限制。由于客观条件的限制，澳大利亚水权仍然存在目前情况下无法克服的外部性。

澳大利亚各个州政府水法规中都对水权交易程序和买卖合同中的有关内容作出规定：水权交易必须保证河流的生态和环境目标并以对其他用户的影响最小为原则；水权市场信息透明，提供可能的水权交易的价格和买卖机会；对于长期水权交易，必须由买卖双方向州水管理机构提出申请，并附相应的评价报告，由专门的咨询机构作出总和评价，在媒体上发布水权永久转让的信息

2）美国水权分配制度。

在美国，水权由州法规对水权进行界定。州的水法内容随着地区、气候的不同而存在差异。美国的东部、东南部和中西地区气候有多雨的特点，水权制度采用滨岸权体系。在干旱和半干旱的美国西部各州，州法律法规都规定，其边界内的水资源为公众或州所有。在州政府水资源所有权下，水权分配是对水资源的使用权的分配。西部各州的水权管理体系各自独立，但他们都有很大的相似性，水权采用的是优先占用体系。实行占有水权体系的州、水权占用必须合理，包括在合理的时间内对水进行有益的利用及用水和引水应当合理等方面的要求，否则对水的利用超出了水权规定的范围。水权占用的日期决定了用水户用水的优先权，最早占用者拥有最高级别的权力，最晚占用者拥有最低级别的权力，在缺水时期，那些拥有最高级别的用户被允许引用他们所需的全部水量，而那些拥有最低级别的用户被迫限制甚至全部削减他们的引用水量。用水户获取占用权必须填写占用水泉书面申请，并经过一定的行政程序或司法程序才能获得。

（3）中国水权制度。

中国水权制度的特点是政府代表国家行使对水资源的所有权，其他自然人和法人行使对水资源的利用权，于是水资源所有权的主体具有行政主体和民事主体的双重属性，在地区间相邻用水关系中，各地方政府作为民事主体，在维护国家整体利益的前提下，代表各自所在地的地方利益。

中国水权制度建设相对落后，《中华人民共和国水法》规定水资源属于国家所有和集

体所有，但并没有对水权进行合理的分割及分配。在相当长的一段时期内，中国的水资源配置一直采用计划经济手段，水权不明晰，权、责、利没有得到规范，用水者不能通过水权交易获得用水权，只有通过行政程序获取水权来达到目的，而取水权一旦获得，就成为刚性权力。2005年水利部下发了《水利部关于水权转让的若干意见》，文件指出，健全水权转让的政策法规，促进水资源的高效利用和优化配置是落实科学发展观，实现水资源可持续利用的重要环节。“十一五规划”提出“完善取水许可和水资源有偿使用制度，实行用水总量控制与定额管理相结合的制度，健全流域管理与区域管理相结合的水资源管理体制，建立国家初始水权分配制度和水权转让制度”。2006年出台的《取水许可和水资源费征收管理条例》第二十七条规定：“依法获取取水权的单位或者个人，通过调整产品和产业结构、改革工艺、节水等措施节约水资源，在取水许可的有效期和取水限额内，经原审批机关批准，可以依法有偿转让其节约的水资源，并到原审批机关办理取水权变更手续。具体办法由国务院水行政主管部门制定。”十八大报告也特别提出“加快水利建设，增强城乡防洪抗旱排污能力；完善最严格的耕地保护制度、水资源管理制度、环境保护制度；积极开展节能量、碳排放权、排污权、水权交易试点”。《中共中央关于全面深化改革若干重大问题的决定》指出，中国将发展环保市场，推行节能量、碳排放权、排污权、水权交易制度，建立吸引社会资本投入生态环境保护的市场化制度，推行环境污染第三方治理。

水权交易在执行过程中就是水资源使用权通过交易市场转让的行为，在中国开展水权交易的尝试屡见不鲜。2000年11月，浙江省义乌市一次性出资2亿元向东阳市买断了每年5000万m^3水资源的永久使用权，成为中国水权交易的第一案。2002年年初，张掖市在“总量控制、内部调剂”的指导思想下，采取了水权制度变革与水权交易的实施。2003年，黄河水利委员会遵照水利部治水思路，应用水权、水市场理论，提出“农转工”的水权有偿转换模式，并在宁夏、内蒙古灌区展开了实践。2006年，北京市与河北省正式签署了《关于加强经济与社会发展合作备忘录》，结束了河北向北京无偿供水的历史。在十八届三中全会决定下，省区层面上展开的水权交易通常先由国家将水权分配给水资源使用者——各省市，再在各省市之间进行交易的二次分配。2014年6月，根据十八届三中全会的决定，中国各省市用水指标的分配工作接近尾声，下一步就是开展水权交易。

(4) 中外水权制度比较与反省。

澳大利亚、美国西部是水资源短缺或相对短缺的国家和地区，水权本质上也可看作是一种财产权，未经过合法程序是不能被损害的。它们初始水权的分配都具有一些共同的特征：一是水权都具有共有产权特性，法律规定水资源为国家所有或州所有，水权的分配是水使用权的分配；二是水权和地权分离，法律授予公民获取水使用权的权力，公民获取水权的标志是获取用水许可证或在公共登记处注册。

澳大利亚和美国对水使用权的分配又有不同之处，美国水权的分配采取“时间优先、权力优先”原则。澳大利亚在早期，用水户申请取水和用水，不论其规模大小，州政府都批准其水权；但随着水资源供需矛盾的突出，水权获得主要是通过水权市场交易。

毫无疑问，水权制度的建立，是一条加强水资源管理的可行之路。在水利部的推动下展开很多地方水权交易，但水权制度要在中国推进，相对于西方发达国家，还会受到很多因素的影响和制约。

水资源管理目前属于中央政府权力，水资源的中央集权使大规模调水工程决策简单而直接。这种体制利于保障国家安全，中央政府调配能力强，但政府决策的科学性保障较差。而水权制度将使中央政府权力受到制约和弱化，水资源将依托市场进行资源配置。政府也将由全过程的水资源管理，变为初始水权的分配和交易规则的监管，管理力度将明显下降。另外，从现有的水资源管理体系转变为水权体系，由于调整了水资源管理的目标和职能，改变了管理运作方式，不是一种"水利行业管理"的简单权力升级，而是一种公共权力的加强和政府权力的制约和削弱，如水权民主协商机制的引入、取水设施的社会化等，都会对相关的政府部门、事业单位和国有企业的利益分配产生影响。因此，管理力度下降和公共权力的加强成为水权制度推进的一个首要障碍。

相对于发达国家，中国水权制度还受到体制不完善的制约，包括水法对"水资源使用权"的约束，以及取水证制度对交易的约束。由于水权制度减少了政府对水资源的再调控能力，因此各级用户对初始水权设定科学性和民主性的要求，会远高于现行的取水许可证的科学性要求。初始水权设定难度大，需要用户的民主参与，需要科学的法律体系作为保障，同时，水权交易过程也需要市场监管体系来支持。但是中国目前的法律体系与此要求差距甚大，水权交易的市场监管体系甚至未提上日程。

7.3.2　水价

水资源具有宏观稀缺性，为了高效利用水资源，必须对水资源进行定价。那么水资源实际的价格到底是如何形成的？本节将着重探讨水价形成、制定的方法理论与实践。

1. 水资源价格的理论基础

（1）水资源价值论。价值论是价格形成的理论基础。从古典学派和马克思的观点看，价值只能来源于使用的社会必要劳动量，离开劳动量的价值论不但是庸俗的，而且是反科学的；新古典学派则企图利用效用价值论替换客观劳动价值论，到了20世纪30年代以后，西方经济学逐渐抛弃价值论。无论是宏观还是微观，都只以价格为核心，现在通常说的价值规律，实际上还是指市场价格与商品供求关系的规律。

（2）地租论。在古典经济学中，李嘉图的地租论是西方经济学的传统理论。该理论认为，地租不是土地的产物，而是农业生产中超额利润的转化形势。地租是为了使用土地的原有的和不可摧毁的生产力而付给地主的那一部分土地产品，地租是一种价值创造，严格意义上的纯粹地租，不包括地主投资到土地上的资本利息。Tietenberg根据李嘉图的观点提出资源稀缺租金的概念，认为在资源利用中将产生正的资源使用者成本，边际使用者成本存在意味着高效的资源价格将超过边际开发成本，形成稀缺租金，资源稀缺租金也将等同于边际使用成本。只要产权明确，这个稀缺租金为资源所有者所有，并成为生产者剩余的一部分。在新古典综合经济学中，萨缪尔森认为社会总收入由各种生产要素共同创造，土地、劳动、资本和资本家是创造收入的四个要素，而地租、工资、利息和利润则是这四个要素的相应报酬，其大小取决于生产要素间的边际生产力。萨缪尔森认为边际生产力为收入分配，即生产要素的定论提供了线索，但价格总是在市场上被决定的。他的地租理论主要研究土地及其他自然资源的租金如何通过市场供需关系得以决定，认为地租决定于供求关系形成的均衡价格，即供给和需求决定任何生产要素的价格。

（3）劳动价值论。马克思的劳动价值论认为，价值和使用价值共处于同一商品体内，使用价值是价值的自然属性基础，离开使用价值，价值也就不存在了。价值量的大小决定于所消耗的社会必要劳动时间的多少，社会必要劳动时间是在现有社会正常条件下，在社会平均的熟练劳动程度和劳动强度下，制造某种使用价值所需的劳动时间。马克思在此基础上，认为生产价格由市场价值转化而来，是价值的转换形式。因此，用马克思的劳动价值论解释水资源的价值时，关键在于水资源是否凝结着人类的劳动。

（4）效用价值论。效用价值论是从物品满足人的欲望能力或人对物品效用的主观心理评价角度来解释价值及其形成过程。主要观点包括以下几个方面：①效用是价值的源泉，是形成价值的必要条件。效用同稀缺性结合起来，形成商品的价值；②物品的价值量是由边际效用决定的，边际效用（人们所消费的某种商品中最后一单为商品带给人们的效用）是衡量价值量的尺度；③效用是可以计量的，边际效用是由需求和供给之间的关系决定的；④边际效用递减和边际效用均等，人们对某种物品的欲望强度随着享用的该物品数量的不断增加而递减，因而物品的边际效用是随着其数量增加而递减的，人们在消费多种物品的选择均衡是多种物品的边际效用均等。

（5）生态价值论。该观点从整个生态系统考察社会经济系统，认为经济生产不可避免地要投入水资源等自然资源，同时将生产中产生的废弃物排入自然界，使环境资源，特别是水资源受到污染，其功能和质量下降，为了保持生态平衡，使水资源能够持久地为人类服务、保证人类的延续和生存环境相对稳定，必须对耗费的水资源等自然资源进行补偿。

2. 水资源价值论的内涵

李嘉图的地租论为研究资源的价值提供了基础，其指出无论是自然状态的水资源还是已被开垦的水资源，都可以收取资源租金。水资源的价值是由其有用性和稀缺性决定的。马克思的劳动价值论是从商品交换的关系中抽象出来的，本质上体现的还是人与人之间的关系，并不适用于人与物的关系研究，但其为资源价值新的视角。效用价值论把水资源价值分为主观价值和客观价值，比较适用于人对物的评价过程，尤其适合于当人类面对不同稀缺程度的物质资源时如何评价和比较其用处或效用的大小。以萨缪尔森等为代表的建立在边际生产力理论基础上的新古典综合学派认为，供给和需求决定生产要素的价格则有更多合理的成分可以借鉴，对于研究资源价格理论也具有较大的参考意义。生态价值论的提出，让人们从生态系统的角度关注水资源价值问题，并成为后来生态补偿机制的理论基础。但不管存在什么样的资源价值论，水资源价值的内涵体现在以下三个方面：稀缺性、资源产权和劳动价值。

（1）稀缺性是水资源价值的首要体现。现代经济学研究的核心问题是稀缺资源的优化配置问题。在工业化时代，水资源成为制约经济发展的要素之一，人们认识到水资源的稀缺性，也开始重视水资源的优化配置、合理利用和保护问题。水资源价值的大小也是其在不同地区不同时段水资源稀缺性的体现。

（2）资源产权是水资源价值形成的必要条件。产权是现代经济学的一个重要概念，产权理论的代表人物包括德姆塞茨、科斯等。资源配置、经济效率和权利：所有权、使用权、收益权和转让权。所有权就是资源归属的问题；使用权决定是否使用资源、何时以何种方式使用资源的权力；收益权就是通过使用资源有权获取收益；转让权就是处置资源的权利。产权的初始界定就是通过法律明确这些权利。要实现资源的最优配置，转让权是关键。中国国家拥有对于对水资源的产权，任何单位和个人开发利用水资源，即水资源使用权的转让，必须支付一定的费用，这是国家对水资源所有权的体现，这些费用也是资源开发利用过程中所有权及其包含的其他一些权利（使用权等）的转让的体现。

(3) 劳动价值是区别天然水资源价值和已开发利用水资源价值的重要标志。对于水资源价值中的劳动价值，主要是指资源所有者为了在交易和开发利用中处于有利地位，对其所拥有的资源的数量和质量的摸底，这样必然在资源价值中拥有一部分劳动价值。对于水资源来讲，主要是水文监测、水利工程建设、水利规划、水资源保护等各种前期投入。

因此，要正确认识水资源价值的内涵，必须结合不同时间和空间的水资源约束。在水资源丰富的地区，水资源的稀缺性不明显，由稀缺性体现的水资源价值就可能比较小，而对于水资源紧缺的地区，其价值就包括稀缺性、产权和劳动价值。洪水季节和枯水季节水资源的稀缺性也有所不同。未开发或待开发的水资源，其价值可能包含的劳动价值就较少。因此，对于不同水资源及其价值的认识，应根据具体情况具体分析，只有这样才能正确认识水资源价值。

3. 水价制定的原则

水价制定的目的在于推动节水事业的发展，使得水资源能够更有效地满足国民经济发展和人民生活的需要，形成有利于节约用水的水价管理体系。因此，制定水价应遵循以下原则：

(1) 价值规律原则。价值规律理论场商品水，而商品水的供给在当前或者相当长的时期内都带有很强的垄断性，供需双方处于不平等地位。因此，水价必须受制于社会主义市场经济体制下的价值决定机制、供求机制和政府的宏观调控，使得水资源的开发利用达到优化配置的目的。

(2) 供求规律原则。根据水商品价值和供求关系确定的水价应起到调节供需的作用，以促进水资源的合理利用。

(3) 统筹安排原则。水资源的开发利用是系统工程，要综合考虑上下游、水利工程建设与维护、城市排水和污水处理的关系，统筹安排，对所有公共排水机构征收排污费、征收排污费的标准取决于污染物质排放的数量和污染程度。

(4) 区别性原则。对于不同用途、不同地区以及不同标准的用水实行不同的收费结构和水价。按用户承受能力、相应责任和享受权益与服务来定价收费。将税费标准与水源远近、中期开发费用直接挂钩，体现了水资源的短缺状况及供求关系，用发展的眼光和动态的观点，考虑增加供水量及提高水质标准的边际成本，同时考虑到支付能力，将某类用水户或某种用水目的的水价设定为低于供水成本，此时，亏空的收益可由其他可得到的收益提供补偿。收益大、承受能力强的用户，征收的税费也多。

(5) 产业政策原则。在水利产业结构调整中，过去一直试图从外部对产业结构进行调整，水价机制未能积极有效地调整产业结构中发挥应有作用，导致结构调整只有外力缺乏内力，难以达到预期效果。因此，应利用水价杠杆优化水资源配置，改善水资源短缺、开发利用效率低、水的浪费和污染严重的局面，加大水利投入，加强水利建设，支持水利产业化政策。

4. 水价构成、制定方法与影响因素

在制定水价时，只有承认了水的商品属性，才能合理确定水价。制定水价不仅要依据工程建设及运行成本费用、缴纳税金、归还贷款和获得合理利润的原则，而且要按商品水的不同用途和不同品类的商品化程度，实行分类定价。水是一种商品，在市场经济条件下水价应由三部分组成，包括资源水价、工程水价和环境水价。

(1) 资源水价是体现水资源价值的稀缺性、有用性和产权特性，是水资源价值的价格体现。它包括对水资源耗费的补偿、对生态环境（如取水或调水引起的生态变化）影响的补偿以及为加强对短缺水资源的保护而进行的技术投入。资源水价通过征收水资源费（税）来实现，水资源费（税）是法定价格，不随市场变化，但其定价应考虑到要逐步适时、适地、适度地调整水价，真正实现水资源的应有价值。政府按照以基本用量为标准的生活用水、以万元国内生产总值耗水为标准的生产用水（效益高者优先，必要产业可实行补贴）和必要的生态用水来规定分水定额，优化配置水资源。任何用户通过缴纳水资源费（税），均可获得取水许可证取得水资源的使用权。

(2) 工程水价是仅从工程建设及运行成本费用、缴纳税金、归还贷款和获得合理利润等角度来制定的水价。也就是把资源水变成商品水进入市场所花费的代价。主要指正常供水过程中发生的直接工资、直接材料费、其他直接支出以及固定资产折旧费、修理费、水资源费；为组织和管理供水生产经营而发生的合理销售费用、管理费用和财政费用、利息指出、管理单位按国家水法规定应该缴纳的税金；水管单位从事正常供水生产经营获得的合理收益。

(3) 环境水价是为治理水污染和水环境保护所需要的代价，环境成本是一种典型的外部成本。所谓外部成本，是经济当事人的互动对外部造成影响，本人却没有承担的成本。例如：某企业排放污染物进入河流，对河水造成污染，这构成社会成本的一部分，但企业却没有承担，因此是外部成本。所谓外部成本内部化，就是使生产者或消费者产生的外部费用，进入他们生产和消费决策的函数，由他们自己承担或“内部消化”。水为生产生活所必须，在生产领域和生活领域都会产生水环境方面的外部成本（如排污造成的环境损害），因而两个领域都存在外部成本内部化的问题。在生产领域，由于企业的排污行为具有量大、集中、浓度高、危害大、易于监测的特点（相对于生活污水），政府往往通过排污费、总量控制、环境税收等办法来实现外部成本的内化。居民生活消费过程中的排污行为却不同，与工厂排污相比，其排污较分散，污水量较少。尽管一个人或一个家庭消费水对环境造成的影响微不足道，汇集起来却可能造成巨大的环境损害，这种由公众行为造成的外部性称为公共外部性。由于居民人数众多，难以采用对待工业企业一样的办法，因此，考虑到可操作性和实施成本最小，通常用在水价中附加污水费的办法，使消费者承担城市污水处理费。水价中包含污水费是可持续发展的要求，这种构成全面的水价会提高水资源利用效率并解决公共外部成本问题。

7.3.3 水资源市场

1. 全国用水总量不断增加，用水弹性系数明显下降

1952—2002年，我国GDP由679亿元增加到104790亿元，按可比价计算，增加了近40倍；全国用水总量从1949年的1031亿m^3增加到2002年的5497亿m^3，增加了4.3倍。

从国民经济用水弹性系数变化趋势来看，可大致分为三个阶段：1950—1980年全国用水量净增加3406亿m^3，年均增加110亿m^3，年均增长4.8%；GDP年均增长6.3%，用水弹性系数为0.76。1981—1997年全国用水量净增加1130亿m^3，年均增加66亿m^3，年均增长1.3%；GDP年均增长10.1%，用水弹性系数为0.13。1997—2002年全国用水量变化不大，基本上在5500亿m^3左右波动，GDP实现7.7%的年均增长速度，用水弹性系数在−0.3～0.3变化，见表7.1。

表7.1　全国用水弹性系数变化

时　段	用水增长/%	GDP增长/%	用水弹性系数
1950—1980年	4.8	6.3	0.76
1981—1997年	1.3	10.1	0.13
1997—2002年	年用水量在5500亿m^3左右波动	7.7	−0.3～0.3

注　资料来源于《中国统计年鉴》和《中国可持续发展水资源战略研究》中有关数据的计算。

2. 全面建设小康社会对水资源开发利用的需求分析

水资源作为基础性自然资源和战略性经济资源，是支撑经济社会可持续发展必不可少的基础资源，是实现全面建设小康社会目标必要的保障条件。全面建设小康社会对水资源开发利用的需求包括对水资源数量的需求和水资源质量的需求，需要建立可靠的水资源供给与有效利用的保障体系。

(1) 保障饮水安全。获得安全饮水是人类基本需求，也是我国全面建设小康社会的重要内容。保障饮水安全是指要建立与城乡居民生活水平相适应所需的饮用水量和水质标准的安全保障能力。21世纪的前20年，全国人口总量继续增加，城镇化水平不断提高，对居民生活供水需求将有较大幅度的增加；随着人民生活水平和生活质量的不断提高，对饮用水的供水保证率和供水水质的标准的需求也相应增高。因此，在生活、生产和生态用水中，首先确保人民生活用水，并提供清洁、安全的饮用水，以保障人民生活质量的提高。在现阶段，保障饮水安全的重点是解决农村饮水困难问题。根据我国的国情，农村饮水要求大致分为三个层次：第一层次是饮水困难，解决有水喝的问题，这一层次有2100多万人；第二层次是饮水安全，解决水量和水质问题，这一层次有3亿多人；第三层次是普及自来水，不仅解决有水喝，而且要求饮用安全卫生、方便的自来水，这一层次有5亿人左右。城镇保证饮水安全主要是提高自来水普及率和供水保障率。

(2) 保障经济供水安全。随着经济的快速增长、经济结构及布局的战略性调整、工业化进程加快，对未来供水总量、供水保证率、供水效率、水资源区域与行业配置的需求提高。我国正处于工业化中期阶段，按照目前的发展速度预计2030年进入工业化后期阶段，

到那时中国的用水量可能达到最大，随后进入稳定时期。从现在起到2020年，全国经济发展对水资源的需求量还会缓慢增长。其中工业需水量增加较多，农业需水量受水资源条件制约，以提高水资源利用效率为主。为满足人口增长和小康生活水平条件下的粮食需求，需要水利为农业灌溉提供水源保障，在保持现有灌溉总用水量基本不增加的前提下，提高灌溉供水保证率、供水效率和效益，减少因干旱少雨、灌溉不足造成的粮食损失。加大节水型社会建设力度，初步形成全国范围内的水资源合理配置和高效利用格局，基本解除缺水对经济社会可持续发展的严重威胁，为水资源可持续利用奠定基础。

（3）维护生态和水环境安全。生态和环境是维系人类社会生存与发展的两大自然支持系统，其质量好坏直接关系到人类的生存与发展。在基本保证生活、经济发展用水的同时，还需要逐步满足生态改善和水环境恢复的需水要求，提高生态环境用水保障程度，协调好人与自然的关系，维护生态和水环境安全。加强水污染防治和水资源保护，大力治理水污染，重视江河源头区、调水水源区和城市供水水源地保护与建设，以提高城市废污水集中处理率为重点，根据不同水域的功能和水质标准要求，以及河流的纳污能力，控制排污总量，并将排污总量指标进行分配，建立污水排放权分配、管理制度，确保水功能区达标。强化地下水污染防治工作。为建立环境优美、生活富裕的发展模式，实现资源消耗低、污染环境少、经济效益高的新型发展道路，需要保证基本的生态环境用水，逐步解决地下水超采、湿地萎缩、河道断流等生态环境问题，促进人与自然的和谐相处。

7.3.4 对策建议

1. 通过结构调整，构筑与水资源承载力相适应的经济体系

结构调整是经济发展的主线，也是促进水资源可持续利用的重要措施。根据水资源承载能力，制定地区产业结构和布局调整方案；调整与水资源条件和水资源供应不相适应的经济结构，使国民经济各产业发展和产业布局与水资源配置相协调，逐步建立与区域水资源和水环境承载力相适应的经济结构体系。

（1）适应水资源承载力，调整经济空间结构。根据水资源条件制定区域经济社会发展规划，逐步调整与水资源条件不相适应的经济布局，在水资源丰富地区和水资源紧缺地区打造各具特色的经济体系，使国民经济各产业布局与水资源空间分布相协调。在缺水地区限制发展高耗水项目，并压缩耗水量大、效益低的行业，重点发展高新技术产业和服务业。鼓励火电、纺织、石油化工、造纸、钢铁等高用水向水资源丰富地区或沿海地区转移。

（2）依据水资源条件，调整城镇发展规模。水资源条件作为构建区域城镇体系、制定城镇经济社会发展规划、确定城镇发展规模的重要前提条件，要从水资源角度，建立起“以水定城市发展合理规模，以水定城镇产业发展”的宏观调控机制。严格实行建设项目水资源论证和行业用水定额取水管理。

（3）依据水资源条件，调整农业种植业布局和结构。制定农业发展战略要充分考虑全国及各地区的水资源条件，在缺水地区减少水稻、冬小麦等大耗水农作物种植比例。加强作物品种改良，调整种植业结构，大力发展节水型农业，促进种植业由传统的“粮食作物＋经济作物”的二元结构向“粮食作物＋经济作物＋饲料作物”的三元结构转变，发展雨

热同期或积极培育耐旱的优质高效农业品种。

(4) 按照两种资源、两个市场的思想，实施水资源替代战略。增加国内需求量大且耗水多的粮食、纸浆、钢铁等产品进口，努力实现重要资源进口来源多元化，间接实现水资源的国际贸易。从全球范围来看，我国粮食生产并不具有优势，而且粮食是水资源耗用大户，可以在不威胁国家经济安全的条件下，适当多进口粮食等大耗水产品。

2. 通过法制建设，构筑与建设节水型社会相适应的制度保障体系

建设节水型社会是我国实施可持续发展战略的必然选择，是应对水资源短缺问题的根本出路。建设节水型社会是一场深刻的社会革命，需要建立健全法律、法规和制度保障体系。

(1) 完善有关法律法规，推进全社会节水。在《中华人民共和国水法》的基础上建议尽快出台节水法，将节水纳入法制化轨道。加强培训，提高执法者素质，严格依法行政，规范执法，加大执法力度。引导和规范建立各类用水组织，如成立农民用水者协会、行业用水协会，使其成为政府与社会达成共识的桥梁，降低水资源管理的成本。建立发达的信息互通机制，包括信息采集、管理和发布系统，及时向全社会发布用水信息、水权和水市场信息。开展广泛的宣传教育，提高全民节水意识和节水的法律意识，促进全社会节水。

(2) 加强节水制度和标准建设。制定行业和产品用水标准，并强制执行行业和产品用水定额标准。对现有企业和新建企业区别对待，新建和列入国家和地方政府支持的技术改造项目要按照单位产品、产值用水量的国际先进水平进行设计。建立节水器具和节水设备的认证制度和市场准入制度。

(3) 组织制定全国性和区域性节水规划。在《全国节水规范纲要》《全国节水农业发展规划》和《工业节水"十五"规划》的基础上，制定全国建设节水型社会规划和区域性节水规划。华北和西北地区的有关省（自治区、直辖市）要将节水规划列入编制经济社会发展规划的专项规划，明确节水目标和任务，使建设节水型社会成为各级政府的一项重要工作。

(4) 完善水资源价格体系。水资源可持续利用的核心是提高用水效率，建设节水社会。水价是促进水资源优化配置的重要经济杠杆，是激励提高用水效率、减少浪费的有效措施。合理的水价应包括资源水价、工程水价和环境水价，要将其作为水资源定价的基本依据，尽快到位。逐步推广实行定额管理、基本水价和超额加价的累进制水价制度。要按照《水利工程供水价格管理办法》，适时、适地、适量调整水价，引导人们自觉调整用水数量、用水结构。要建立和完善农业用水的计量体系和社会监督体系，加快实行按单位计量、按户收费，尽快扭转喝"大锅水"的不合理局面。

(5) 创新机制，建立多元化的节水投入机制。在国家层面上，对农业节水、工业节水工程要给予大力支持，调整水利投资结构，增加农业节水投资比例。在地方层面上，要加快健全地方财政对节水投入的政策，各省（自治区、直辖市）财政预算中应明确用于节水投入的比例。在用户层面上，按照"谁投资、谁受益、谁所有"的原则确定节水投资主体，对节水项目国家给予政策扶持和资金资助，采取多种形式鼓励节水单位和个人。西北地区可先行试点，在国家支持西部大开发资金中设立西部地区农业节水专项，用于支持该地区农业节水工程建设；地方政府在财政性专项资金（如水利建设基金）中安排一定比例

用于农业节水。制定农业节水优惠政策，扶持和鼓励企业和非农户投资建设农业节水工程，政府通过贴息贷款和以奖代补形式予以扶持，通过租赁、拍卖小型水利工程所获得的收入作为农业节水基金，鼓励农民建设节水工程。

3. 通过技术创新，构筑与水资源优化配置相适应的工程技术体系

科学、全面地分析水资源承载能力，遵从社会、经济、资源和生态环境的规律，制定水资源综合利用和保护规划，提高规划和工程建设的科学性，积极实施跨流域调水、节水、污水资源化、海水利用、雨洪利用等重要工程，优化水资源配置，提高水资源利用效率。

(1) 兴建必要的跨流域调水工程，从空间上实现水资源的合理配置。调水是解决我国水资源空间分布不均衡的手段之一。我国北方地区资源型缺水十分严重，尤其是黄淮海平原、山东半岛和辽宁中部等经济发达、城市密集地区，跨流域调水是解决这些地区缺水的重要途径。通过实施南水北调东线、中线和西线等工程的建设，将长江、黄河、淮河和海河四大江河相互联结，构建“四横三纵、南北调配、东西互济”的水资源空间配置格局，形成全国水资源配置网络，使缺水的流域、区域水资源条件有明显改善，逐步实现水资源优化配置。

(2) 大力推广农业节水新技术，促进节水灌溉技术产业化。研究开发适合我国不同地区特点的节水灌溉技术，不断提高节水技术水平，降低节水投入成本。组织开展节水灌溉设备的标准化体系研究，逐步规范节水灌溉设备生产和销售市场。研究制定鼓励节水技术推广应用的财政、税收、信贷等优惠政策，引导节水技术的推广应用和产业化发展。

(3) 全面推行清洁生产，大幅度提高污水处理后的回用率。要全面推行清洁生产，实现从末端治理向以源头治理为主的生产全过程控制的转变，达到减污增效的双重作用，提高水资源利用率。要加快污水处理及其配套管网设施，以及污水处理后的回用设施建设，实现废污水资源化。

(4) 扩大海水利用规模，推进海水淡化技术产业化。为促进海水利用及其产业化发展，国家应给予政策方面的支持，采取相应的优惠措施。对海水淡化生产厂、海水淡化技术开发兼专业设备生产的企业给予税收优惠政策。海水淡化企业生产的淡水，参照自来水给予同等补贴，检验合格的淡水允许直接进入城市自来水管网。利用海水作冷却水和海水淡化水作锅炉用水的生产企业，实行税收优惠政策，建议每年由公共财政返还给企业一定的所得税。鼓励具备制造海水淡化设备的生产企业与有关科研单位组成联合体，合作开发、制造成套海水淡化技术设备，走产业化发展道路。

(5) 实施地下水人工调蓄工程，加强地下水水源地储备。借鉴国外的做法，建立“水银行”，来调节和缓解供水紧张的局面。建议在华北地区先行实施地下水资源补给工程。修建地下水回灌设施和建立雨洪利用系统，利用丰水年或一般年来水较多的汛期，把地表水回灌到地下，补充地下水，提高地下水位。

4. 建立政府调控、市场引导、用水户参与的水资源管理体系

(1) 加强政府宏观调控。完善流域管理与行政区域管理相结合的水资源管理体制。政府要加强对水资源使用权和用水指标分配管理，进行水资源总量控制；引导利用市场机制对水资源进行合理配置；建立合理的水价形成机制；制定水市场交易规则，并加强水市场

的监管。

（2）重视用水户参与。鼓励公众广泛参与水资源管理，通过多种形式，让公众全面了解情况，充分表达意见，参与民主决策。在政策制定和实施的全过程中，要积极培育和发展用水者组织、参与水权、水量分配和水价制定。

第8章 河 长 制

水作为河湖水系的重要载体，对于支撑区域发展、保护生态环境具有十分重要的作用，因此科学合理地管理河湖不仅事关人民群众福祉，更关系到中华民族的长远发展。然而，伴随着人类活动的加剧和现代社会的快速发展，河湖水系受到了极大的影响和破坏，部分河湖功能发挥失常、生态系统紊乱，导致河流断流、河道与湖泊萎缩水、污染加重、湿地退化、水生生物多样性减少。十八大以来，随着生态文明建设纳入国家“五位一体”总体战略的确定，中国环境治理体系面临再次改革。河长制正好是环境治理领域改革的突破口，联动中央和地方政府乃至全社会治理体系改革的对接口，有助于地方率先转变政府职能、打破部门壁垒，树立样本。为了应对河湖污染引发的水危机，地方政府开始积极探索河长制，以期使河湖水质达标率得到提升，河道水环境污染得到遏制并有所改观，河道生态修复功能得到加强。在此背景下，2016年年底，中央全面深化改革领导小组、中共中央办公厅和国务院办公厅相继通过并印发了《关于全面推行河长制的意见》，标志着河长制已从当年应对水危机的应急之策，上升为国家意志。

8.1 河 长 制 的 概 念

所谓河长制，就是指在相应水域设立河长，由河长对其责任水域的治理、保护予以监督和协调，督促或者建议政府及相关主管部门履行法定职责，解决责任水域存在问题的体制和机制。“河长制”是从河流水质改善领导督办制、环保问责制所衍生出来的水污染治理制度，是由各级党政主要负责人担任“河长”，负责辖区内河流的污染治理的一种河湖管理制度创新。全面推行河长制，是以保护水资源、防治水污染、改善水环境、修复水生态为主要任务，全面建立至少包含省、市、县、乡四级河长体系，构建责任明确、协调有序、监管严格、保护有力的河湖管理保护机制，为维护河湖健康生命、实现河湖功能永续利用提供制度保障。全面推行河长制是落实绿色发展理念、推进生态文明建设的内在要求，是解决中国复杂水问题、维护河湖健康生命的有效举措，是完善水治理体系、保障国家水安全的制度创新。

8.2 河长制提出的背景、经过及现状

8.2.1 提出的背景

我国水系发达、河湖众多，水资源总量丰富。根据2011—2013年第一次全国水利普查成果，我国流域面积50km^2以上的河流共45203条，总长度达150.85万km。常年水面

面积 $1km^2$ 及以上天然湖泊 2865 个，湖泊水面总面积 7.80 万 km^2。其中，淡水湖 1594 个，咸水湖 945 个，盐湖 166 个，其他 160 个。长期以来，高消耗、高投入、高污染的传统发展模式造成水资源浪费严重、水污染事件频发、供需矛盾突出等问题。在不断加剧的人类活动与气候变化的影响下，经济社会用水持续挤占生态用水，导致河湖水生态系统失衡，河道湖泊萎缩，水环境、水生态破坏严重。近年来出现的无序开发、挤占河道、破坏水系连通性、围湖造田等现象严重威胁到河湖的生态系统平衡，造成河湖开发与管护矛盾日益突出。针对这种不断恶化的态势，我国高度重视并加大了对河湖的管理力度，先后提出河湖水系连通战略、最严格水资源管理制度和水生态文明建设，增强了河湖水系的连通性，超采、浪费水资源等现象有所遏制，用水效率有所提高，河湖水质有所改善。但是从实践情况来看，收效不如预期，仍然摆脱不了“多龙治水”的局面，时常出现责任不明、互相推诿、管理“内耗”、协同工作能力差、办事效率低、监管不到位等现象。河湖管护涉及上下游、左右岸的不同行政区域和行业，需要做到高度的统一和协调，因此迫切需要探索新的管理制度模式，而河长制正是在此背景下被提出的。

8.2.2 提出的过程及现状

河长制最早是由无锡市为有效解决水环境问题而提出并实施的。2007 年，太湖出现了严重的富营养化问题，给无锡市的正常用水造成了严重影响，激发了无锡市的水危机意识，迫切需要采取措施来解决和预防该类事件的再次发生。为此，无锡市率先实行河长制，指定各级党政领导分别担任无锡市内 64 条河道的河长，负责组织督办河道清淤、水污染防治等方面的工作，取得了一系列实效。随后，无锡市的创新河湖管护理念“河长制”被其他地区效仿和借鉴，并得到了广泛应用，各种制度体系创新不断涌现，至少包含以下几个方面：

（1）2010 年 5 月 1 日《昆明市河道管理条例》开始施行，昆明成为首家明确河长制法律地位的城市。将河长制、各级河长和相关职能部门的职责纳入地方法规，使得河长制的推行有法可依，形成长效机制。

（2）2014 年，浙江省委、省政府全面铺开“五水共治”（即治污水、防洪水、排涝水、保洪水、抓节水），河长制被称为“五水共治”的制度创新和关键之举，浙江省成为拥有“最强河长”阵容的省份。目前，浙江省已形成最强大的河长阵容：6 名省级河长、199 名市级河长、2688 名县级河长、16417 名乡镇级河长、村级河长 42120 名，五级联动的河长制体系已具雏形。

（3）江西 2015 年启动河长制，省委书记任省级总河长，省长任省级副总河长，7 位省领导分别担任“五河一湖一江”的河长，并设立省、市、县（市、区）、乡（镇、街道）、村五级河长，江西成为河长规格最高的省份。江西将河长制责任落实、河湖管理与保护纳入党政领导干部生态环境损害责任追究、自然资源资产离任审计，由江西省委组织部负责考核、审计厅负责离任审计。

（4）2016 年 9 月，浙江省开化县发布了《河长制管理规范》县级地方标准，明确了建立河长制管理体系的质量目标、机构设立和人员基本要求，通过建立河长制管理体系，完善对河道的巡查、监督、管理、考核机制。浙江省开化县成为首个创建河长制地方标准的区域。

这几个地区的河长制实践各具特色，分别在有法可依、系统联动、党政同责、标准规范等方面做了开创和探索，为河长制的全国实行创造了条件。2016 年 12 月 11 日中共中央办公厅、国务院办公厅印发了《关于全面推行河长制的意见》，要求各地区各部门结合当地实际认真贯彻落实，两年之内全面建立河长制。河长制上升到国家层面，由此河长制在全国各地全面推广开来。自河长制提出以来，各省、市、自治区分别出台相关文件落实河长制，取得了一系列的成效。各地完善了河长制有关制度，明确了长效管理措施、经费和管理队伍；对河湖的基本情况进行了摸查，收集和整理了河湖的相关资料，针对每一条河流和湖泊建立了完善的档案管理系统，并结合实际开展“一河一策”管理模式；建立自上而下各层级、各部门领导负责的河长制，明晰了管理职责，各级河长利用职权协调各部门，形成工作合力，实现联防联控，破解“多龙治水”、责任不明的问题；强化了行政考核和社会监督，督促法律的严格执行，发动社会力量参与治理监督河道水环境；有效改善了河湖的水生态环境状况，缓解了水危机。

8.3 河长制理论基础

8.3.1 河长制的工作内容及理论基础框架

基于对河长制的认识及其内涵的理解，河长制的理论基础至少应包含水文学、水资源、水环境、水法律等四个方面，其中水文学方面侧重于江河湖库水文变化规律与过程等基础理论，包括水循环理论和水量平衡理论；水资源方面侧重于水资源高效利用与可持续发展基础理论，主要包括水资源合理配置理论、水资源可持续利用理论和水资源高效利用理论等；水环境方面侧重于河流污染防治、生态修复等基础理论，包括水污染防治理论、水生态修复理论和河湖健康理论等；水法律方面侧重于河库管理与污染防治法律法规，包括水市场理论、资源环境法基础理论和灾害防治与水事管理法律基础等。河长制的理论基础是河湖管理与保护的责任主体需要了解的核心基础理论，是河长制稳步落实的基础。综上，总结提出河长制的基本理论并构建河长制的主要任务及理论基础框架（图 8.1）。

8.3.2 关键理论基础

1. 水文学方面

（1）水循环理论。水存在的状态有固态、液态和气态，通过物理作用如降水、流动、蒸发、渗透等完成状态的转变，即水循环。水循环是联系大气圈、水圈、岩石圈和生物圈相互作用的纽带，是水资源形成的基础。水循环使水资源以能量转变的方式达到可再生可持续利用，水循环理论的研究是推行河长制工作的基础。水循环是永无止境的，但并不能说明水资源是无限可利用的，因此，节约水资源、实现水资源的高效利用、防治水污染、修复水生态等措施势在必行。

（2）水量平衡理论。水量平衡是指水在状态转化的过程中，总量始终保持平衡。水量平衡理论从根本上说明水资源不是取之不竭的，从本质上表明了确立水资源保护、水污染

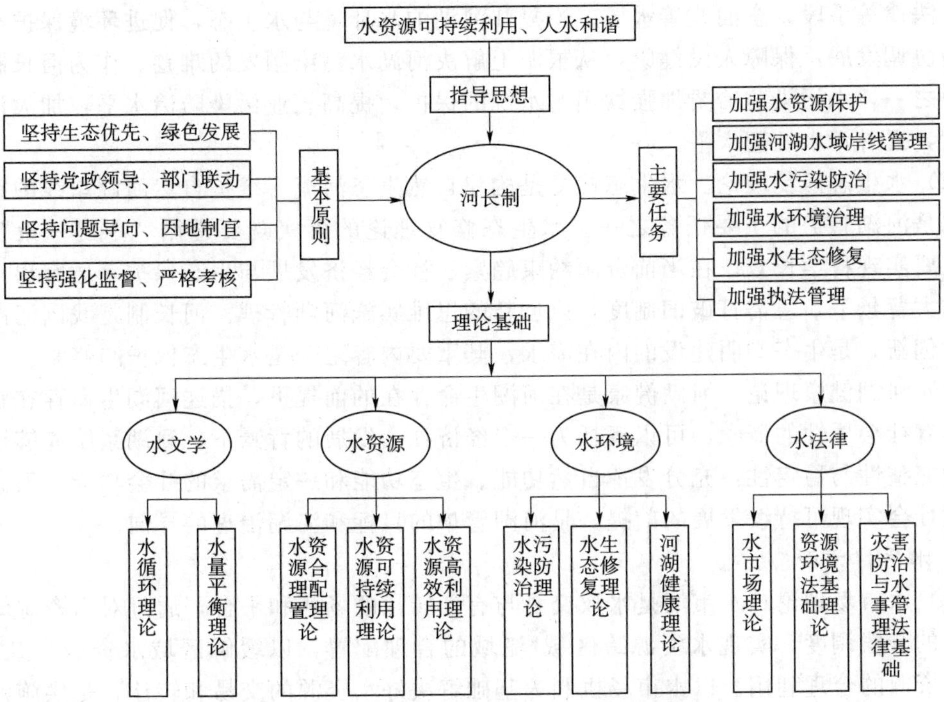

图 8.1 河长制的主要任务及理论基础框架

防治、水环境治理和水生态恢复的根本意义以及重要性和必要性。水量平衡原理决定了不能一味地“开源”来解决水资源短缺问题，节水才是关键长效的解决之道。

2. 水资源方面

(1) 水资源合理配置理论。水资源合理配置理论是水资源管理的重要基础，是协调各需水部门用水矛盾的基础理论，对于水资源科学调配、保障经济社会发展与生态系统维护具有重要意义。水资源合理配置可以促进水资源的高效利用和节约用水，促使水资源可持续利用，是保护河湖水资源、维护河湖水环境、修复河湖水生态的有效措施。

(2) 水资源可持续利用理论。水资源可持续利用理论是协调人类长期稳定发展与水资源永续利用的国家重大发展战略基础，是水资源管理的基础理论支撑。保障河湖水系生命健康，协调好上下游、左右岸之间的水资源开发利用与保护问题是河长制的重要内容，需要以可持续发展理论为前提，遵循自然生态环境保护规律与经济社会发展规律，对河湖水系进行科学管理。因此，水资源可持续利用理论是保障河长制稳步推进的重要理论基础支撑。

(3) 水资源高效利用理论。水资源高效利用是最大限度地发掘水资源价值，提高单位水资源利用效率的重要措施，需要先进的科学技术和管理理念为支撑。河长制作为维护河湖健康生命、保障国家水安全的重要制度创新，如何从社会发展角度出发，加大水资源保护与管理力度，实现水资源利用的效率最大化，是发挥水资源经济与生态效益的重要保障。因此，水资源高效利用理论是河长制稳步落实的重要基础。

3. 水环境方面

(1) 水污染防治理论。水污染防治以所有污染物为防治对象，用技术、工程、生态、经济、法律等手段，全面改善水质、恢复江河湖泊水环境与水生态，促进环境保护与经济社会的协调发展，保障人民健康，从根源上解决河湖水污染频发的难题。作为河长制的主要任务之一，水污染防治要加强饮用水水源的保护，提高工业污染防治水平，加大污水处理力度，提升污水处理水平。

（2）水生态修复理论。水生态修复是构建自然生态河流、维护自然河湖岸线的重要措施，也是河湖管护的主要任务之一。水生态修复理论的落实既要遵循“一河一策”的原则，又要实现科学长效。在当前资源约束趋紧、社会经济发展与生态保护矛盾突出且难以协调的大背景下，急需打破旧制度，以创新的思维实施河湖管理。河长制是我国河湖管理的制度创新，是生态文明建设的内在需求，其重要内容之一是水生态保护与修复。

（3）河湖健康理论。河湖健康是在河湖生命存在的前提下，描述河湖生命存在状态的一种具有社会属性的概念，可以概括为一定经济社会发展的背景下，河湖系统能够维持其结构的完整性与稳定性，充分发挥自然功能、生态功能和一定需求的社会功能。河湖健康是人类社会实现可持续发展的前提，是河湖管护的目标和河湖治理的导向。

4. *水法律方面*

（1）水市场理论。水市场是水权交易与有偿转让的场所和平台，通过对水资源时间和空间上的有偿调度，实现水资源跨区域/流域的合理配置，以缓解区域水资源丰缺问题，促进水资源的合理利用。以水市场机制为基础解决好水资源的交易和转让，是实施河长制的核心内容之一，也是河长制能够顺利实行的重要基础。

（2）资源环境法基础理论。资源环境法是协调人水关系、保护河湖水环境、促进水资源可持续利用的法律保障。为了促使河湖资源环境保护法制化，以法治制度约束河湖保护，河长制建设需要资源环境法律作支撑。

（3）灾害防治与水事管理法律基础。灾害防治即避免和减轻自然灾害造成的损失，水事管理即制定水事秩序、化解水事矛盾等。灾害防治与水事管理法律是为维护人民生命财产安全、解决河湖管护中的水难题、促进经济和社会的可持续发展而制定的法律法规。河长制在处理水事务过程中，难免出现水事纠纷，因此需要水事管理法律作支撑。

8.4 河长制支撑体系

8.4.1 河长制支撑体系框架

河长制是由地方政府率先实行并推广到全国的一种极具中国特色的创新性河湖管理制度和模式。推行河长制是一项涉及众多领域、机构、群体的重要战略举措，需要政府、企业、社会和个人共同发力的大工程。为了保障河长制的有效落实，需要配套相应的支撑体系。基于对河长制的认识和理解，构建了以“技术标准—行政管理—政策法律”为框架的河长制支撑体系（图 8.2）。其中：技术标准体系主要涉及支撑河长制稳步落实的技术手段与标准规范，对应河长制的主要任务，分为水资源保护、水污染防治、水生态修复、河湖工程建设、河湖健康与水资源合理分配六类；行政管理体系主要涉及支撑河长制稳步落实的行政与管理制度，分为河长制行政审批机制、河长制监督管理机制、河长制行政考核机制、水域岸线管理机制和河湖保护机制五类；政策法律体系主要涉及保障河长制稳步落实的政策制度支撑和法律法规支撑，分为河道管理法律制度、水权制度、水环境保护法律制度、生态环境用水政策法律、涉水生态补偿机制和水事纠纷处理机制六类。

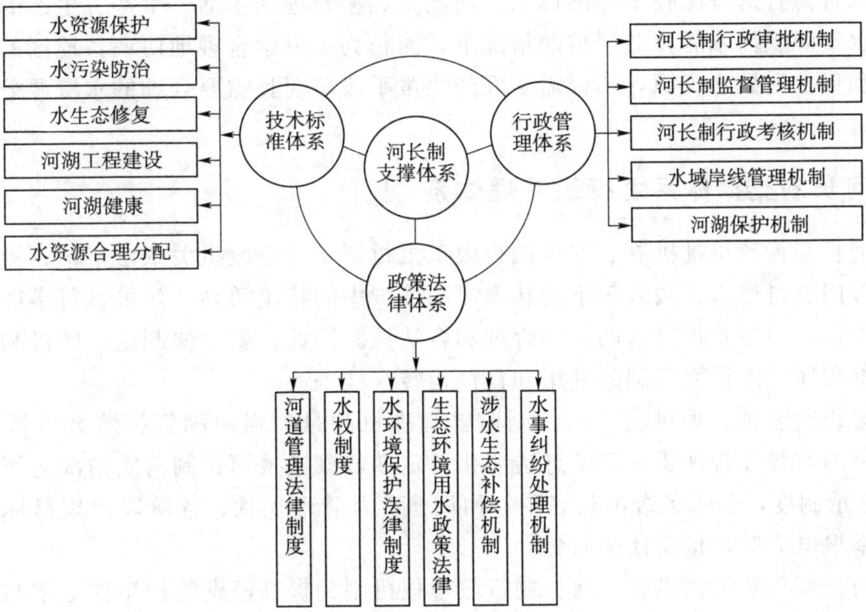

图 8.2 河长制支撑体系框架

8.4.2 河长制支撑体系之技术标准体系

（1）水资源保护技术标准体系。水资源保护涉及水资源的开发与高效利用、可持续利用、合理配置、入河湖排污口布局与整治、水源地及地下水保护等方面的技术和标准，是河长管理和保护河湖水资源的重要依据和技术支撑。

（2）水污染防治技术标准体系。水污染防治是保护水环境、修复水生态的必要措施，包含污水处理、水质改善、控制污染源等。我国现有的水污染防治技术标准有很多，涉及生活、农业、工业等方面，相应的技术标准可供河长在开展河湖水污染防治工作中遵循和参考。

（3）水生态修复技术标准体系。水生态修复的目的是改善河湖水源地水质、修复退化的河湖湿地、重建重污染河湖水生态等。在当前科技支撑下，针对大多数生态环境类型均有配套的修复技术标准可以参考和借鉴，这些技术标准是河长开展河湖水生态修复工作的技术保障。

（4）河湖工程建设技术标准体系。调水工程、供水工程、防洪工程、河道堤防工程以及水处理工程等是河湖管护中必不可少的水工程。河湖工程建设技术标准是针对各类河湖建设工程的规划、勘察、施工、验收、运营管理及维修等事项制定的技术依据与准则。依靠该技术标准，河长可以在河湖工程建设的安全实施方面进行指导与质量把关。

（5）河湖健康技术标准体系。河湖健康技术标准是判别河湖状态与河湖治理措施是否有效的技术准则。河长在对所管辖河湖进行健康评价时，可结合河湖实际情况，依据河湖健康技术标准，充分利用可以表征河湖状态的关键指标数据，选用适当的评价方法对河湖健康进行评价。

(6) 水资源合理分配技术标准体系。河湖是大多数地区生活、生产、生态的重要水源之一，在水资源供需矛盾日益严重的情况下，河长为了科学合理地协调各地区的水资源分配，节约和保护河湖水资源，不仅需要好的决策手段，而且需要合理的水资源分配技术标准作支撑。

8.4.3 河长制支撑体系之行政管理体系

(1) 河长制行政审批机制。河长制行政审批机制是指行政机关依法审核、批准或同意河湖管护部门、自然人、法人等申请从事河湖管护中的特定活动，认可其行事能力的核查制度，可以保障河湖管护措施的科学合理和合法性。因此，要尽快制定、明确和规范河长制行政审批程序，维护河长制的健康和良性运转。

(2) 河长制监督管理机制。河长制监督管理机制是加强河湖管护监督考核的必要举措，河长制的监督和管理要实现信息透明化，定期督察通报河长制落实情况与河长履职情况；建立公示制度，公示各级河长名单、河湖概况及管理现状、各阶段治理目标、河长制工作监督举报电话等，接受社会监督。

(3) 河长制行政考核机制。河长制行政考核机制是提高河湖管护工作效率与效果的保障。县级及以上河长应负责组织对下一级河长的考核，并根据河湖实际，以季度考核和年度督查相结合的方式进行差异化绩效评价考核，并将考核结果列入河长的综合政绩考核中，有功必奖、有过必罚。

(4) 水域岸线管理机制。河湖水域岸线管理机制主要是用来规范和指导河长进行河湖水域岸线管护工作，通过建立水域岸线管理机制，明确和划分河长及各部门的职责，统一规划水域岸线管理，充分发挥水域岸线资源的综合效用。此外，水域岸线管理机制要规划落实岸线分区，根据岸线功能对河湖水域进行分区治理。

(5) 河湖保护机制。河湖保护机制是河长进行河湖管护工作的基础，推行河长制的指导准则。各地区应结合实际建立河湖保护机制，为河湖管护的各项任务确定相应的措施和实行标准，可从制定水资源保护规划、规范水域岸线管理、完善入河湖排污管控机制、统筹水环境、水生态修复、建立河长制监督考核体系六项主要任务入手。

8.4.4 河长制支撑体系之政策法律体系

(1) 河道管理法律制度。河道管理法律制度是对河道管理的主要内容和规范在法律层面上予以明确，即提供法律依据，是国家对河道管理进行有效控制的重要手段，如《中华人民共和国河道管理条例》等。依据河道管理法律制度，河长可依法对河道行使管理权，同时，根据河长制“一河一策”的原则，地方政府可以结合河湖实际，就河道管理的几个方面制定管理实施细则，力求全方位管理。

(2) 水权制度。水权制度是建立水市场、落实水权交易的基础，因此学习水权制度不仅有利于河长有效管理所辖流域内的水权交易，还能帮助、协调和解决各利益主体之间的水权纠纷和矛盾。

(3) 水环境保护法律制度。水环境保护法律是我国为防止水环境恶化、保护和改善水环境所制定的法律，如《中华人民共和国水污染防治法》，可为河长及河湖管护机构进行水资源规划、配置与调度以及水利执法监督检查等水环境保护行为提供法律制度保障。

(4) 生态环境用水政策法律。人类活动挤占生态环境用水，造成河湖生态环境退化是亟待解决的关键问题，急需从法律层面对生态环境用水进行强制规范和限制，划定生态环境用水红线，加快生态环境修复进程。

(5) 涉水生态补偿机制。建立涉水生态补偿机制是保护河湖水环境、修复河湖水生态的必要举措，是推行河长制顺利实施的重要内容。通过建立限制发展区域、重大水利工程建设、生态保护与生态修复等涉水生态补偿机制，可以为河湖不同水功能区的生态修复提供依据与制度支撑。

(6) 水事纠纷处理机制。水事纠纷处理机制旨在帮助解决涉水矛盾和纠纷，在河长制的推行过程中，开展河道管理、水资源配置、水工程建设、水灾害防治、水污染处理等工作势必引发区域内或区域间的水事纠纷，而合理有效的水事纠纷处理机制就显得尤为重要。

8.5 江西河长制的探索和实践

习近平总书记在江西视察指导时指出：绿色生态是江西的最大财富、最大优势、最大品牌。江西水系发达，河湖众多，拥有赣、抚、信、饶、修五大河流和全国最大的淡水湖——鄱阳湖，长江跨境而过。全省流域面积 $10km^2$ 及以上河流 3771 条；流域面积 $50km^2$ 及以上河流 967 条，总长度 3.44 万 km；常年水域面积 $1km^2$ 及以上天然湖泊 86 个。鄱阳湖承纳江西境内五大河流及区间少量中小河流来水，流域面积 16.22 万 km^2，相当于江西国土面积的 97.2%，占长江流域面积的 9%。每年由鄱阳湖流入长江的水量 1400 多亿 m^3，约占长江年径流量的 15.6%。鄱阳湖被称为长江中下游的“天然调节器”，是镶嵌在万里长江上的一颗璀璨明珠。但在气候变化和人类活动的双重作用下，一些江河湖泊出现了水位持续下降、集水面积和蓄水量减少的现象，有些河湖甚至干涸，湖泊污染趋势尚未遏制，湖泊生态功能严重退化，河湖管理问题日益凸显。

2014 年，江西全境列入生态文明先行示范区。工作布局上，除了要奠定坚实的物质基础，还需要有完善的制度作保障。在此背景下，江西河长制应运而生，形成“多龙治水”的联动合力，实现河湖管理保护“一盘棋”。江西省于 2015 年年底印发《江西省实施“河长制”工作方案》，制定了分步实施的工作目标，确定了组织体系建立方式，提出了四项工作原则，明确了各级河长和各部门有关职责，确立了主要任务。这四项原则是：①坚持政府主导，属地管理，分级负责，部门协作，社会共治，构建河湖保护管理工作机制；②坚持遵循河湖自然规律，科学依法开发、利用和保护，保障河湖健康；③坚持问题导向，因地制宜，因河施策，系统治理，注重长远效果；④坚持城乡统筹，区域合作，上下游、左右岸协调推进，水域陆地共同发力。

江西省于 2016 年 3 月初印发《2016 年“河长制”工作要点及考核方案》，将河长制工作聚焦在“推进试点、污染治理、专项整治、能力建设、加强宣传”等五个方面。全省11个设区市、100个县（市、区）均制定出台工作方案。到2016年下半年，江西已在全境构建出区域与流域相结合的河长制体系。截至2017年8月，江西全省7大江河（湖泊）、114条市级河段（湖泊）、1454条县级河段（湖泊）、10149条乡级河段（湖泊）明确了河长，共设立市级河长116人、县级河长1092人、乡级河长5389人、村级河长17287人，配备河湖巡查专管员23359人、保洁人员70815人。全省11个设区市、100个县（市、区）均已成立河长制办公室（以下简称河长办），6个市级河长办、45个县级河长办已经机构编制委员会办公室同意，在河长办设置或正在配备专职副主任。江西省省级河长办设在省水利厅，具体负责组织实施河长制，主要职责为组织协调、调度督导、检查考核。自2016年起，江西省就向社会公布了各级河长名单，公布了投诉举报平台和举报电话。各地都按要求设立了河长制公示牌，公布河长名称、职责、监督电话等，并实行不定期抽查。

2016年实施河长制之初，各级就建立了省级会议制度、工作督办制度、考核办法、信息通报制度。2017年7月，江西省人民政府办公厅正式印发《江西省河长制省级会议制度》《江西省河长制信息工作制度》《江西省河长制工作督办制度》《江西省河长制工作考核问责办法》《江西省河长制工作督察制度》等五项制度。按照水利部要求，又制定了《江西省河长制体系建立验收评估办法》，并已经省政府同意，由省河长办印发。尤其是关于河长制工作表彰方面，江西省是全国第一个经中央批复同意，设立表彰制度的省份。河长制工作责任追究纳入《江西省党政领导干部生态环境损害责任追究实施细则（试行）》实行。

2017年，江西省委办公厅、省政府办公厅出台《江西省全面推行河长制工作方案（修订）》，确定全面推行河长制八大任务：统筹河湖保护管理规划；落实最严格的水资源管理制度；加强水污染综合防治；加强水环境治理；加强水生态修复；加强水域岸线管理保护；加强行政监管与执法；完善河湖保护管理制度及法规。

2017年5月4日，江西省委办公厅、省政府办公厅印发《关于以推进流域生态综合治理为抓手打造河长制升级版的指导意见》，明确提出启动流域生态综合治理试点工作，在提升河湖管理保护水平的同时促进地方产业转型，打造一批河长制示范河流，推动流域生态综合治理与地区经济社会发展相互促进，实现思路升级、制度升级、能力升级、行动升级、宣教升级。与此同时，江西省政府办公厅接连印发了《江西省人民政府办公厅关于印发2017年河长制工作要点及考核方案的通知》《江西省人民政府办公厅关于印发江西省消灭劣Ⅴ类水工作方案的通知》，江西河长制工作得到全面升级。江西通过实施河长制，使河流的管理纳入各级“河长”的政绩考核，通过提高环保标准，加强环保监管，改变了地方经济发展思路，倒逼江河沿岸产业转型升级和发展。

8.6 实施河长制的思考与展望

河长制作为新时期的河湖管理新策略，目前仍处于摸索和完善期，在推行河长制的过程中难免出现一些问题：一是广大人民与地方各级政府对河湖管理的专业认识不到位，科学有效地治理河湖无从谈起；二是主要负责人为河长，使得在落实河长制的过程中对河长过于依赖，河长对河湖管理的认知程度，对河湖的了解、重视程度，决定着管理的推进效果，河长会随行政调动不断变动，从而影响河长制实施的连续性和效果；三是缺乏与河长制配套的法律法规，环境治理体系的权责不对等，河长制如果只依靠行政等手段去推行，生命力就会大打折扣，因此建立完善各级党政部门的环保职责更需要从法律法规层面授权；四是缺乏流域层面的治理理念，河长制是将河湖按照行政区域分段进行管护，但是河湖是动态的，每条河湖都有其流域，从流域的角度全盘考虑管护工作才能进一步提高工作效率和治理成效。

河长制的实施，为解决我国负责河湖水问题提供了好的解决方案，面对当前的现状，展望未来，至少还有以下方面需要进一步完善：

(1) 完善政策法规，明确部门职责。全面推进河长制实施以河湖水库为对象，完善河长制实施、河湖管理、湖泊保护等法规政策，为规范化河湖管理提供依据；健全河长制体系，构建省、市、县、乡（镇）、村五级组织管理体系，明确河长制体系中各级政府以及各责任部门、配合部门之间的具体责任，实现河湖水库河长制全覆盖。

(2) 科学规划，实行流域综合管理。按照流域界线与行政界线结合的特征，科学规划，制定流域综合规划，并根据不同河道的功能定位，编制重点河道的保护规划，按照规划各部门联动实施。

(3) 完善河湖蓝线管理。按照生态文明建设的要求，根据《中华人民共和国水法》《中华人民共和国防洪法》《江西省水资源条例》《水利工程管理条例》《河道湖泊管理条例》等法律法规，合理确定河湖蓝线范围，通过严格河湖蓝线管理，确保生态文明建设中自然岸线和水域面积保有率指标。

(4) 构建河长制信息平台。依托河长制构建河长制基础信息、管理机构、管理人员、治理措施、监督考核综合信息系统，为河长制的决策提供支撑；采用高新技术与人工巡查相结合，依托遥感影像开展水域岸线动态监测，多手段、多方式推动河湖岸线巡查，有效监测乱占乱建、乱围乱堵、乱采乱挖、乱倒乱排现象；以政府为主导，依托责任部门，联合其他部门共同参与联合执法，依法制止和打击侵占河道水域、岸线资源、非法采砂等行为；在落实政府主体责任的同时，充分发挥社会公众的智慧与力量，采用聘用和购买服务等方式，引导社会公众和民间组织积极参与到河长制工作中，以政府以外的社会力量从事河长制实施的监督与制约，建立电话、QQ、微信等联系制度，结合河长制信息平台巡查、发布违法行为及信息。

(5) 完善生态补偿办法，加快推进重点功能区生态补偿。以《国务院办公厅关于健全生态补偿机制的意见》为契机，加快实现水流包括江河源头区、集中式饮用水水源地、重要河流敏感河段和水生态修复治理区、水产种质资源保护区、水土流失重点预防区和重点治理区、大江大河重要蓄滞洪区以及具有重要饮用水水源或生态功能的湖泊等区域的生态保护补偿，并适当提高补偿标准，通过生态补偿办法的实施加强各级河长重视流域水环境治理和生态保护程度，并积极主动参与到河长制工作中来。

(6) 加强制度建设，落实经费保障建立河湖管理标准。完善河长制实施过程中的管护、监督和考核机制；通过政府资金、生态补偿和市场机制等多种渠道加大经费投入，保障河湖管理组织机构和人员的工作经费。

（7）发布河长制实施效果评估报告。推进社会公众舆论监督以河长制实施为基础，编制河长制信息月报；以重点河湖水库等水体为对象，编制当地河湖管理年报、健康状况报告和健康评估报告，为河长制的落实、成效及宣传提供支撑；同时，提高社会公众对河长制实施成效的理解和认同，进而积极参与并监督河长制的实施与落实。

参　考　文　献

[1] 全国干部培训教材编审指导委员会组织编写，生态文明建设与可持续发展［M］. 北京：人民出版社，2011.

[2] 张国兴，何慧爽，郑书耀. 水资源经济与可持续发展研究［M］. 北京：科学出版社，2016.

[3] 白晓慧，孟明群，舒诗湖，姚黎光. 城镇供水管网数字水质研究与应用［M］. 上海：上海科学技术出版社，2017.

[4] 顾向一. 我国水生态文明法律规制研究［J］. 水利发展研究，2017，17（03）：3-8.

[5] 蒋洪强，王金南，程曦. 建立完善生态环境绩效评价考核与问责制度［J/OL］. 环境保护科学，2015，41（05）：43-48.

[6] 胡四一. 加快国家水资源监控能力项目建设［J］. 水利信息化，2013（06）：1-4.

[7] 王浩. 实行最严格水资源管理制度关键技术支撑探析［J］. 中国水利，2011，（06）：28-29，32.

[8] 安晓峰. 我国水环境问题及水环境修复措施探讨［J］. 吉林水利，2015（10）：25-27.

[9] 张炎. 水与生态文明建设［M］. 武汉：长江出版社. 2013.

[10] 周秋红，张翔. 水环境可恢复性定义及其评价指标初步研究［J］. 水电能源科学，2011，29（9）：35-37.

[11] 董淑阁. 关于龙王河流域赣榆段水环境修复的思考［J］. 污染防治技术. 2009，22（1）：17-19.

[12] 俞孔坚. 景观：文化，生态与感知［M］. 北京：科学出版社，1998.

[13] 王恩涌. 王恩涌文化地理随笔［M］. 北京：商务印书馆，2010.

[14] 何冰，王廷荣，高辉巧. 城市生态水利规划［M］. 郑州：黄河水利出版社，2007.

[15] 谷树忠，李维民. 关于构建国家水安全保障体系的总体构想［J］. 中国水利，2015，9.

[16] 李志斐. 中国周边水资源安全分析［J］. 国际安全研究，2015（3）.

[17] 陈雷. 大力加强水文化建设 为水利事业发展提供先进文化支撑——在首届中国水文化论坛上的讲话［J］. 河南水利与南水北调，2009（12）.

[18] 靳怀堾，尉天骄. 中华水文化通论（水文化大学生读本）［M］. 北京：中国水利水电出版社，2015，6.

[19] 李宗新. 水文化文稿［M］. 呼和浩特：远方出版社，2002.

[20] 董文虎. 水利发展与水文化研究［M］. 郑州：黄河水利出版社，2008.

[21] 冯天瑜，等. 中华文化史［M］. 上海：上海人民出版社，2010.

[22] 汪健，陆一奇. 我国水文化遗产价值与保护开发刍议［J］. 水利发展研究，2012，12（01）.

[23] 刘昌明，王恺文. 城镇水生态文明建设低影响发展模式与对策探讨［J］. 中国水利，2016，19：1-4.

[24] 张建云，王小军. 关于水生态文明建设的认识和思考［J］. 中国水利，2014，7：1-4.

[25] 左其亭. 水生态文明建设几个关键问题探讨［J］. 中国水利，2013，4：1-3，6.

[26] 王浩，黄勇，谢新民，等. 水生态文明建设规划理论与实践［M］. 北京：中国环境出版社，2016.

[27] 傅春，刘杰平. 河湖健康与水生态文明实践［M］. 北京：中国水利水电出版社，2016.